# 천체망원경은 처음인데요

별지기 입문 시리즈
**천체망원경은 처음인데요**

**초판 1쇄 발행** 2019년 1월 7일
**초판 4쇄 발행** 2023년 6월 22일

**저자** 박성래

**펴낸이** 양은하
**펴낸곳** 들메나무 **출판등록** 2012년 5월 31일 제396-2012-0000101호
**주소** (10893) 경기도 파주시 와석순환로 347, 218-1102호
**전화** 031) 941-8640 **팩스** 031) 624-3727
**이메일** deulmenamu@naver.com

**값** 20,000원 
ISBN 979-11-86889-16-9 (03440)

# 천체망원경은 처음인데요

박성래 지음

구입과 설치에서 관리까지
사진으로 배우는 천체망원경의 모든 것!

들메나무

아내 윤혜영과 아들 박시훈에게

## 책머리에

밤하늘의 별을 본다는 것은 문명이 시작된 이래로 매우 특별한 일이었을 것입니다. 농업과 관련되어 계절을 예측하는 데 천체의 위치가 기준이 되었을 뿐 아니라, 수많은 붙박이 별 사이에서 움직이는 해와 달, 행성의 위치, 혜성의 등장이 행운과 재난을 예고한다고 믿었기 때문입니다.

하지만 갈릴레이가 망원경으로 밤하늘을 보면서 달의 거친 지형과 목성의 위성, 토성의 고리를 관측하기 시작한 이후 우주의 신비가 하나씩 풀리기 시작했습니다. 이는 현대를 살고 있는 우리가 우주의 모습을 파악하는 데 있어 중요한 근간이 되어주었습니다. 즉, 망원경이 천문학 분야에서 혁명을 일으켰다고 할 수 있습니다.

과학책이나 인터넷에서 아름다운 천체사진을 보았거나, 어떤 기회로 인해 천문 캠프나 천문대를 방문한 적이 있거나, 혹은 동네 공원에서 천체망원경으로 목성의 줄무늬나 토성의 고리를 본 적이 있다면 천체망원경에 관심을 갖거나 구입을 고려해볼 수도 있을 것입니다. 하지만 어떤 망원경을 사야 할지, 각각의 장단점은 무엇이며 어떻게 활용해야 할지, 초보라면 모든 게 막막합니다. 초보자가 망원경 설명서를 읽고 제대로 이해하기는 쉽지 않습니다.

이 책은 망원경에 관심이 있거나 구입을 고려하고 있는 분, 구입했는데 뭔가 부족함을 느끼는 아마추어 천문가를 위해 사진으로 쉽게 설명한 책입니다. 먼저 망원경의 종류와 특징, 망원경과 항상 같이 따라다녀야 하는 가대와 아이피스 그리고 액세서리에 관한 기초적인 지식을 공유합니다. 망원경 제조사 및 제품마다 사양과 모양, 특징 등이 다르기 때문에이 책에서 모든 제품에 대한 것을 다룰 수는 없지만 그래도 참고로 활용하기에는 충분하리라 생각합니다.

망원경 관리에 대한 내용도 포함되어 있습니다. 특히 반사망원경을 고려하고 있다면 망원경의 유지 보수에 약간의 두려움을 느낄 수도 있지만, 이 책에서 다루고 있는 내용을 한두 번만 따라해도 금세 익숙해질 것입니다. 광축 조절의 경우 좀 더 자세히 다룰까 했지만, 너무 깊이 들어가면 초보자 분들이 벅차하실 수 있을 것 같아 최대한 쉽게 할 수 있는 방법 위주로 소개했습니다.

이 책을 준비하면서 다양한 참고서적을 읽고, 실제 여러 장비를 다뤄보며 더욱 깊고 체계 있게 공부할 수 있었습니다. 천체망원경이라는 막막한 벽 앞에서 뛰어넘지 못하고 혼자 고민하거나 인터넷을 검색하며 보내는 시간을 조금이라도 줄이는 데 이 책이 도움이 되길 바랍니다.

책을 쓰는 데 필요한 귀한 장비를 기꺼이 빌려주신 김도익 님, 임재식 님, 소중한 사진을 쓸 수 있도록 허락해주신 김영렬 님, 한승환 님, 김광욱 님, 박영식 님께 감사드리며, 출판을 허락해주신 들메나무의 양은하 대표님께도 감사드립니다.

끝으로 별을 보고 싶어 하던 어린 아들을 위해 기꺼이 망원경을 선물해주셨던 부모님과, 별 보는 것과 책 쓰는 것을 늘 응원해주는 아내 윤혜영, 아들 박시훈에게 특별히 감사드립니다.

## 차례

## CHAPTER 3 아이피스



## CHAPTER 4 망원경의 용도별 분류



## CHAPTER 5 관측지 매너

## CHAPTER 6 나는 어느 길로 갈 것인가?



## CHAPTER 7 쌍안경도 훌륭하다



## CHAPTER 8 처음 구입하는 망원경



## CHAPTER 9 주요 액세서리

CHAPTER 1

# 망원경의 종류(경통)

# 굴절망원경

굴절망원경은 우리가 흔히 망원경 하면 머릿속에 떠올리는 모양을 하고 있다. 망원경의 앞쪽에 위치한 렌즈에서 빛을 모아 반대쪽으로 모아주며, 망원경의 뒤쪽에서 별을 보거나 사진을 찍을 수 있는 구조로 되어 있다.

굴절망원경은 천체망원경 중에서 가장 오랜 역사를 가지고 있다. 망원경을 통해 최초로 천체관측을 한 갈릴레이의 망원경도 굴절망원경이다. 최초의 천체망원경인 만큼 초기에는 여러가지 문제에 부딪혔겠지만, 색수차가 발생하여 화질이 떨어진다는 점이 굴절망원경의 가장 큰 문제였다.

초등학교를 다닐 때 프리즘에 햇빛을 통과시켜 무지개 만드는 실험을 해본 적이 있을 것이다. 빛이 프리즘을 통과하면서 파장별로 분해되어 이런 현상이 발생한다. 렌즈도 일종의 프리즘과 같은 역할을 한다. 망원경에서는 빛을 모으는 역할을 하지만, 빛의 파장별로 굴절되는 정도가 다르기 때문에 각 색상의 빛이 한 점에 모이지 않고 흩어진다. 따라서 망원경으로 별을 봤을 때 선명한 한 점으로 보이는 것이 아니라 색상이 번진 모습으로 보이는데, 이를 색수차라 한다.

색수차로 인해 색이 번져 보일 뿐만 아니라 상이 선명하게 보이지 않게 된다. 따라

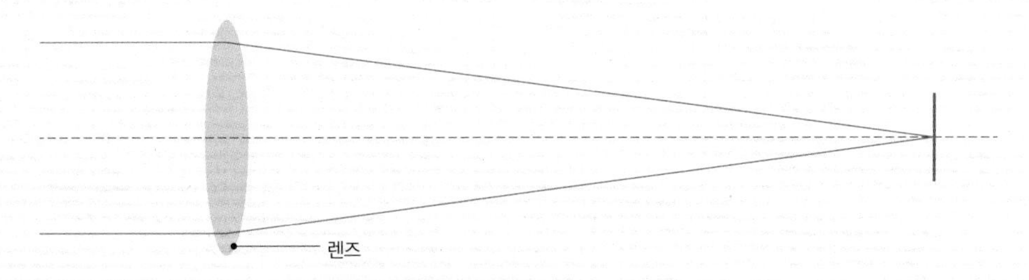


1-1 굴절망원경의 기본 구조. 굴절망원경은 볼록렌즈를 통해 빛을 모은다. 모은 빛을 오목렌즈로 보면 갈릴레이식, 볼록렌즈로 보면 케플러식 망원경이 된다.

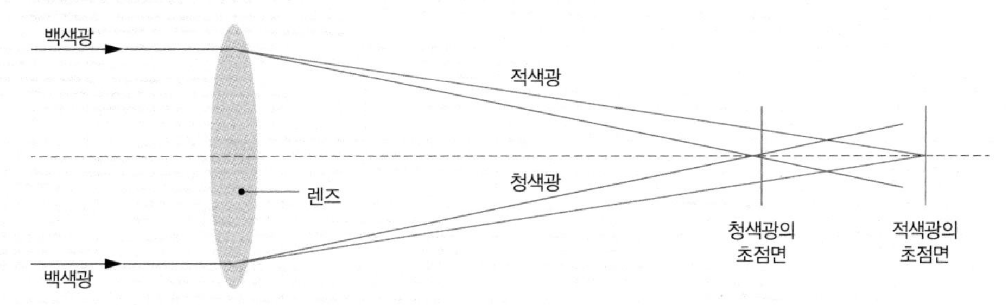


1-2 색수차. 햇빛이 프리즘을 통과하면 무지개 빛으로 퍼지듯이 렌즈를 통과한 빛도 색상별로 퍼지게 되며, 청색광은 렌즈에서 가까운 쪽에, 적색광은 렌즈에서 먼 쪽에 초점을 맺게 된다.

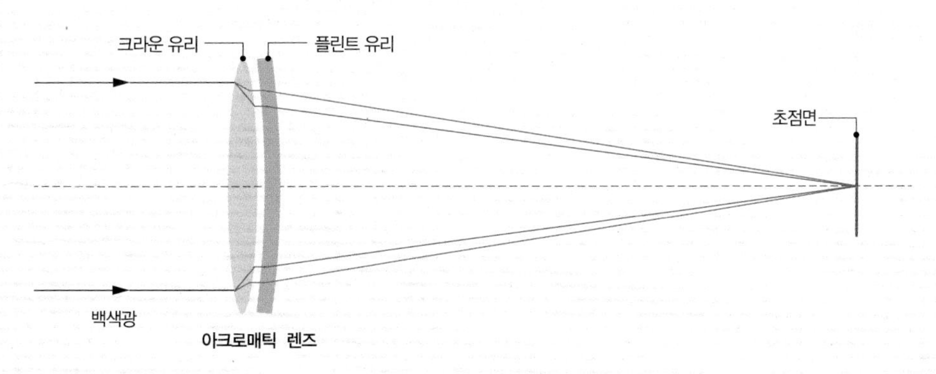


1-3 아크로매틱 굴절망원경

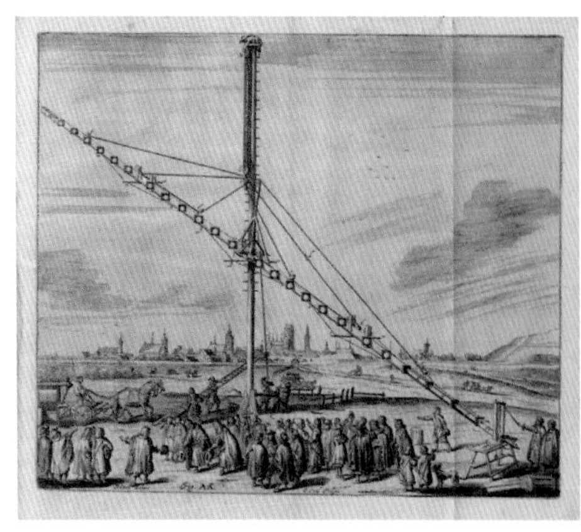

1-4 요한센 헤벨리우스가 제작한 초점거리가 46m인 굴절망원경(하버드대학교 호튼도서관 소장 자료). 지시에 따라 기둥 가운데 있는 사람 둘이서 망원경의 위치를 바꾸게 되어 있다. 많이 힘들어 보인다.

1-5 현대의 아마추어용 굴절망원경

서 과학자들은 굴절망원경에서 보다 선명한 상을 얻기 위해 색수차를 줄이기 위해 끊임없이 노력해왔다.

색수차는 초점거리가 길수록 줄어들기 때문에 초창기 굴절망원경은 초점거리를 늘려 화질을 향상시키고자 했지만 렌즈의 구경에 비해 길이가 너무나 길어 망원경을 실제로 사용하기가 쉽지 않았다. 하지만 광학 설계 기술 및 재료의 발달을 통해 색수차를 비롯한 여러가지 수차를 줄여왔으며, 현대의 아마추어용 고급 굴절망원경은 초점거리가 짧으면서도 색수차가 거의 보이지 않을 정도로 발전하게 되었다. 망원경의 화질을 저하시키는 색수차를 포함한 각종 수차에 대해서는 부록에서 별도로 다루도록 한다.

단일 렌즈로 구성된 굴절망원경으로 상을 선명하게 보기 위해서는 망원경이 한없이 길어질 수밖에 없었지만, 굴절율이 높은 플린트 유리 소재와 굴절율이 낮은 **크라운 유리***  소재의 렌즈를 조합하여 색수차를 줄일 수 있는 방법이 1733년에 영국에서 개발되었다. 이렇게 제작한 렌즈를 아크로매틱(Achromatic) 렌즈라 한다.

한 장의 렌즈로 구성된 대물렌즈와 비교하여 붉은색 파장과 푸른색 파장의 빛을 한 곳에 모을 수 있으며, 두 렌즈의 형상 및 거리를 조절하여 구면수차도 제어할 수 있게 되어 단일렌즈로 구성된 천체망원경에 비해 성능이 월등하게 향상되었고, 일부러 초점거리를 심하게 늘릴 필요가 없어졌다. 뒤에서 설명할 아포크로매틱 굴절망원경에 비해 만들기가 쉽고 비교적 저렴한 소재를 사용하기 때문에 최근에는 주로 저가형 굴절망원경에 널리 적용된다. 하지만 여전히 색수차가 남아 있기 때문에 배율이 높아질수록 별이나 행성 주변으로 붉은색 혹은 푸른색 빛이 주변으로 번져 있는 것을 볼 수 있으며, 고배율로 관측을 하거나 사진을 찍을 때 색 번짐이 도드라져 보인다.

아크로매틱 망원경과 더블렛 플로라이트 아포크로매틱 망원경의 색수차 비교. 낮에 찍은 금성의 모습이다. 1-6에서는 금성과 하늘의 경계면에 색이 번진 듯한 색수차가 확연히 보이지만 1-7은 깔끔하다. (사진 제공 : NADA 김영렬 님)

아크로매틱 망원경도 어떻게 만들었느냐에 따라 느낄 수 있는 색수차의 정도가 조금 다르다. 구경에 따라 차이는 있지만 초점거리를 늘려 초점거리 대비 구경의 비율을 표시하는 **F수(F number)**★를 크게 한 아크로매틱 망원경의 경우 색수차가 미미한 정도로 느껴지기도 하고, 설계 방식에 따라 붉은색 계열보다는 검은 밤하늘을 배경으로 눈에 잘 보이지 않는 보라색 파장 쪽의 번짐이 있도록 하여 초보자들이 사용했을 경우 색수차를 잘 모르고 넘어갈 수 있게 만들기도 한다.

하지만 이마저도 어느 정도 초보 단계를 벗어나게 되면 색수차가 눈에 거슬리게 되며, 한번 보이기 시작하면 계속 눈에 들어온다. 마치 자려고 누웠는데 손목시계의 소리가 한번 들리기 시작하면 계속 들리는 것과 비슷한 느낌이다. 하지만 아크로매틱 렌즈를 사용한 천체망원경이라도 F수가 충분히 크고 제대로 만들었다면 색수차가 그리 거슬리지 않으며 선명하게 잘 보인다.

### *크라운(Crown) 유리와 플린트(Flint) 유리

굴절망원경 제작에 쓰이는 유리의 종류는 정말 다양하다. 하지만 그 특성에 따라서 크라운 유리와 플린트 유리 두 가지로 나뉜다. 크라운 유리는 빛이 들어왔을 때 꺾이는 정도인 굴절율이 낮고 빛이 무지개 빛으로 퍼지는 정도인 분산율이 낮은 렌즈를 의미한다. 플린트 유리는 이와 반대로 굴절율과 분산율이 높은 유리를 의미한다.

그런데 왜 이름이 왕관(Crown)이고 부싯돌(Flint)일까? TV를 통해 한 번쯤은 녹인 유리를 쇠파이프에 붙인 후 장인이 불어서 유리공예 작품을 만드는 광경을 본 적이 있을 것이다. 아주 오래전에는 유리창용 거울도 부는 방식으로 제작했다. 지금과 같은 4각형 유리는 아니었고, 부는 방법의 특성상 둥근 모양의 유리를 만들어 네모로 잘라서 사용했다고 한다. 이 과정에서 바람을 불어넣는 쪽의 반대쪽에 지지대를 부착했는데, 유리를 완성한 뒤에 이 지지대를 떼어내면 생기는 움푹 들어간 자국이 왕관을 닮았다고 해서 크라운 유리라고 부른다.

납이 들어 있는 플린트 유리는 크리스털 유리라고도 하는데, 1662년에 영국에서 납유리를 생산할 무렵 사용했던 규소 원료로 사용한 석회에 부싯돌 성분이 섞여 있는 것에서 유래했다.

### *F수(F number, 초점비)란?

렌즈의 초점거리를 구경으로 나눈 값을 F수라고 한다. F수가 클수록 상대적으로 초점거리가 긴 망원경이라는 것을 짐작할 수 있다. 따라서 같은 구경의 망원경을 놓고 봤을 때 F수가 큰 망원경일수록 초점거리가 길기 때문에 보다 쉽게 배율을 높일 수 있으며 여러가지 수차를 줄일 수 있다. 안시관측의 경우 F수가 다르더라도 동일한 구경의 망원경에서 같은 배율로 놓고 보면 밝기의 차이가 없다. 하지만 사진의 경우 F수가 커질수록 상이 어두워져 노출시간이 길어지기 때문에 촬영에 불리하게 작용하기 때문에 F수가 작은 망원경을 주로 사용하게 된다(물론 여러가지 다양한 경우가 있다는 점을 유념하자).

## 아포크로매틱 굴절망원경(Apochromatic Telescope)

아포크로매틱 렌즈에 대한 정의는 여러가지가 있다. 영어사전을 찾아보면 아주 간단하게 "2개의 파장에 대해서 구면수차를 보정하고 3개의 파장에 대한 색수차를 제거한 렌즈"로 정의되어 있다.

광학장비로 유명한 독일의 칼자이스 사의 광학자인 에른스트 압베(Ernst Abbe), 현대의 천체망원경 광학계 설계자인 토머스 백(Thomas Back)도 아포크로매틱 렌즈에 대한 정의를 나름의 방법으로 설명하고 있고, 망원경 브랜드별로도 조금씩 차이가 있지만 영어사전에서 말하고 있는 아포크로매틱에 대한 정의와 크게 다르지 않다.

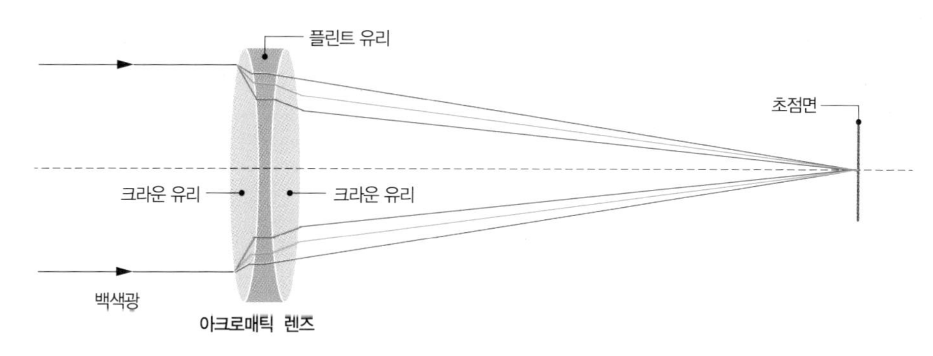


1-8 아포크로매틱 렌즈는 보통 3장 이상의 렌즈로 구성되어 있으며 적색, 녹색,청색의 초점이 일치한다.

일반적으로 빛이 렌즈를 통과할 때 무지개 빛으로 흩어지는 정도(분산율)가 낮은 **저분산렌즈(ED, SD 등과 같은 유리 소재)***를 한 매 포함하여 총 3장의 렌즈 이상으로 구성된 굴절망원경을 아포크로매틱 망원경이라 하며, 최고급 소재라 할 수 있는 **형석(플로라이트 Fluorite)렌즈***를 1매 포함하여 2장 혹은 3장으로 구성된 망원경도 여기에 속한다.

2장짜리냐 3장짜리냐를 명확히 하게 위해 3장짜리 렌즈는 **트리플렛 아포크로매트***, 2장짜리는 **더블렛 아포크로매트***라고 부른다. 아포크로매트 굴절망원경은 고급 소재

### *ED, SD, 플로라이트(Fluorite)

아포크로매틱 망원경에 사용되는 저 분산율의 유리 소재를 의미한다. ED는 Extra low Dispersion, SD는 Super low Dispersion의 약자로서, ED보다는 SD소재가 성능이 좀더 우수하다고 메이커에서는 주장하고 있다. 플로라이트는 원래 자연에서 산출되는 형석을 의미한다. 광학적인 특성은 우수하지만 자연 형석의 경우 불순물 등의 여러 원인으로 인해 큰 렌즈를 만들 수가 없어서 과거에는 크기가 작은 현미경 렌즈에만 적용이 가능했지만, 지금은 인공적인 방법으로 형석 결정을 크게 만들 수 있어 고급 카메라 렌즈나 천체망원경에 사용할 수 있게 되었다.

1-9 플로라이트 원석의 모습

### *싱글렛(Singlet), 더블렛(Doublelet), 트리플렛(Triplelet), 쿼드루플렛(Quadruplet)

굴절망원경의 사양표를 보면 위와 같은 단어를 자주 볼 수 있다. 몇 장의 렌즈로 대물렌즈가 구성되어 있는가에 관한 단어이다. 한 장의 렌즈를 사용했을 경우 싱글렛(싱글렛은 찾아볼 수 없지만), 2장으로 구성되어 있으면 더블렛, 3장이면 트리플렛, 4장이면 쿼드루플렛이라고 한다. 물론 더 많은 렌즈로 대물렌즈가 구성되어 있을 수도 있다. 렌즈 매수가 늘어날수록 여러가지 수차를 보정할 수 있는 설계상의 자유도가 늘어나지만 냉각 시간이 오래 걸린다거나 광축 맞추기가 까다로워진다는 단점이 있다.

를 사용하면서도 렌즈가 3장 이상 들어가기 때문에 아크로매트 굴절망원경에 비해 가격이 매우 비싸다. 하지만 여러 장의 렌즈를 잘 조합하여 색수차는 물론 구면수차도 최소화하면서 초점거리를 짧게 할 수 있다는 장점이 있기 때문에 안시관측은 물론 고급 사진촬영용 망원경으로도 인기가 높다.

저분산렌즈를 사용하되 렌즈를 3장이 아닌 2장으로 구성한 세미-아포크로매트 굴절망원경도 있다. 정의가 조금 불분명한 점이 있기는 하지만 아크로매트 망원경보다는 우수한 성능을 보이며, 광학 성능은 조금 떨어지지만 가격이 저렴하다.

## 굴절망원경의 실제 구조

이제 실제 굴절망원경이 어떤 모습을 하고 있는지 살펴보자. 여기서는 필자가 보유하고 있었던 일본 타카하시 제작소의 트리플렛 아포크로매틱 굴절망원경인 TSA-102와 같은 제조사의 더블렛 플로라이트 아포크로매틱 굴절망원경인 FS-60CB, 윌리엄 옵틱스에서 만든 FLT-98, 켄코의 120mm급 아포크로매트 망원경 Sky Explorer SE 120을 사례로 든다.

굴절망원경의 맨 앞에는 뚜껑과 후드(국내에서는 후드라는 단어를 사용하지만 미국 등 영어권 국가에서는 듀 쉴드Dew shield라는 단어가 일반적이다)가 장착되어 있다. 뚜껑은 망원경을 보관할 때 렌즈를 보호하며, 후드는 잡광을 막아주면서 렌즈에 이슬이나 서리가 맺히는 것을 줄여주는 역할을 한다. 뒤에서 설명할 반사망원경에 비해 굴절은 기본적으로 후드가 붙어 있으며, 후드의 크기가 경통에 비해 생각보다 크기 때문에 신축식으로 접어서 이동시 부피를 줄일 수 있는 구조로 되어 있는 제품도 있다.

후드를 빼보면 굴절망원경의 핵심 부품이라 할 수 있는 렌즈와 렌즈를 지지하고 있는 렌즈셀(Lens Cell)이 보인다. 렌즈셀의 가장자리에는 3쌍의 나사가 120도 각도로 위치하고 있는데 이는 광축을 조절할 때 사용한다. 하지만 굴절망원경의 경우 광축이 흐트러지는 경우가 많지 않기 때문에 특별한 이상이 없다면 만지지 않도록 한다. 소구경 굴절망원경의 경우 광축 조절나사가 생략되어 있는 경우도 있다. 이런 망원경의 경우

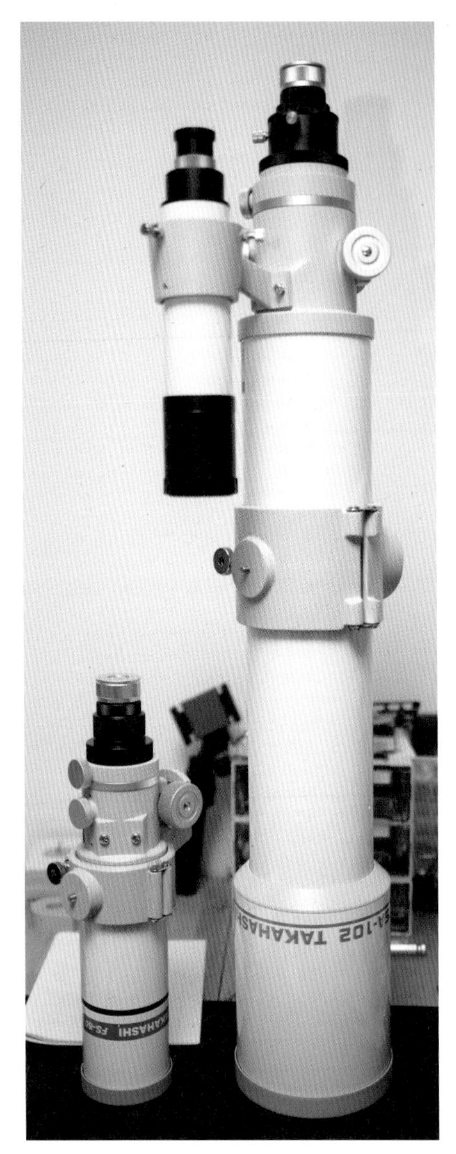

1-10 왼쪽이 FS-60CB, 오른쪽이 TSA-102이다. 구경 60mm의 작은 망원경인 FS-60CB는 주로 가까운 곳에 가볍게 관측할 때 혹은 보조 망원경으로 사용하며, TSA-102는 이중성이나 행성의 안시관측 혹은 딥스카이 사진촬영용으로 사용하고 있다.

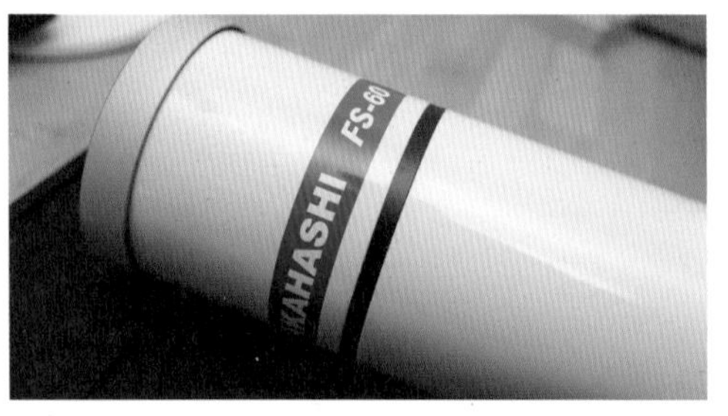


1-11 자그마한 FS-60CB 굴절망원경의 후드

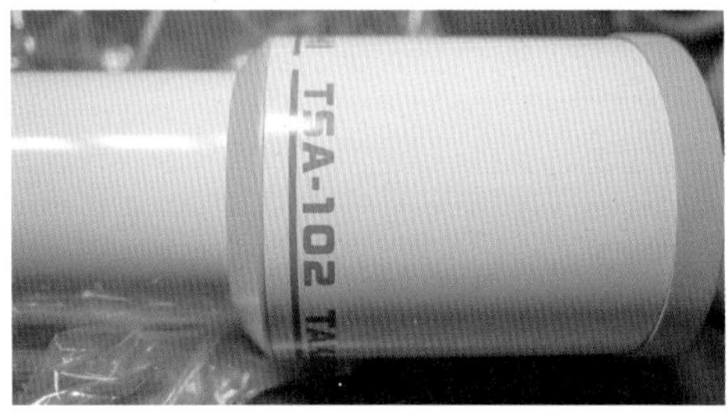

1-12 커다란 TSA-102의 후드

후드가 접히는 스타일의 굴절망원경 FLT-98의 모습

광축에 이상이 생기면 제조사로 보내 고쳐야 하지만 그럴 일은 잘 발생하지 않는다.

렌즈를 살펴보면 약간 특이한 색상을 띠고 있는 것을 알 수 있는데, 이는 렌즈 표면의 코팅에 의한 것이다. 코팅은 빛이 렌즈를 더 잘 통과하여 보다 많은 빛이 손실 없이 전달되도록 한다. 실내에서 조명에 렌즈를 비추어보면 아래 사진과 같이 렌즈에 조명이 반사된 모습을 볼 수 있다.

1-15 60mm 구경의 소형 굴절망원경인 타카하시 FS-60CB에는 광축 조절나사가 없다.

렌즈라고 해서 빛이 통과만 하는 것이 아니라 일부는 반사된다. 그것도 무려 들어온 빛의 4%씩이나 각각의 렌즈면에서 반사되어 렌즈 2장, 즉 4개의 면만 빛이 통과하더라도 손실이 15%나 된다. 그러나 렌즈에 얇은 막을 입히면 빛의 손실을 1% 이내로 줄일 수 있기 때문에 망원경에서의 코팅은 상당히 중요하다. 따라서 코팅이 잘 되어 있으면  관측 대상이 더 밝게 보이며, 사진촬영시에 나타나는 고스트나 플레어 현

1-16

1-17

중고급형 굴절망원경(1-16)과 입문용 굴절망원경(1-17)의 코팅 비교. 코팅이 잘 되어 있는 렌즈의 경우 코팅 색상이 은은하고 경통 안쪽이 까맣게 보이지만, 코팅이 안 되어 있거나 부실한 렌즈의 경우 코팅 색상이 거의 보이지 않으며 렌즈에서 반사가 심하게 발생하는 것을 알 수 있다.

1-18 Sky Explorer SE 120 경통 내부의 모습. 렌즈셀을 경통에서 제거하면 사진과 같이 경통 내부를 볼 수 있다. 사진에서 흰색 화살표가 가리키고 있는 도넛 모양의 검은색 원반이 배플이다.

1-19 동그란 모양의 초점 조절 손잡이를 돌리면 드로튜브가 앞뒤로 움직이며 초점을 조절할 수 있다.

상과 같이 내부의 반사에 의한 부작용도 대폭 줄어든다.

경통 안쪽을 살펴보면 둥근 모양의 칸막이가 설치되어 있는 것을 볼 수 있다. 이것을 배플(Baffle)이라고 한다. 배플은 경통 안에서 빛의 난반사가 일어나는 것을 방지하여 상의 콘트라스트가 낮아지는 것을 막아주어 보다 선명한 느낌의 상이 되게 한다.

경통의 가장 뒤쪽에는 초점을 조절하는 포커서(Focuser)가 위치하고 있다. 포커서에는 접안렌즈나 천정프리즘 같은 안시관측 액세서리를 장착할 수도 있고, 포커서에 있는 나사에 맞춰 사진촬영 장비를 단단히 고정시키는 것도 가능하다.

포커서의 초점 조절 손잡이를 앞, 뒤로 돌려보면 포커서의 안쪽에 있는 드로튜브(Drawtube)가 움직이면서 포커서에 장착한 접안렌즈나 카메라의 위치를 조절하여 초점을 잡게 된다.

굴절망원경의 특징을 정리하면 다음과 같다.

- 렌즈를 이용하여 빛을 모은다.
- 기본적으로 색수차가 있지만 아포크로매틱 굴절의 경우 잘 보이지 않는다.
- 같은 구경의 타 망원경에 비해 상이 선명하다.
- 광축이 잘 틀어지지 않기 때문에 광축 조정에 대한 부담이 적으며 유지 관리가 편하다.
- 망원경이 향하는 곳을 직관적으로 이해하기 쉽다.
- 구경이 커질수록 가격이 급속도로 올라간다. 특히 아포크로매트 굴절은 더 심하다.

# 반사망원경

굴절망원경은 빛의 성질 중 굴절을 이용해서 빛을 모으지만, 반사망원경은 오목한 거울에 빛을 반사시켜 모은다. 거울로 빛을 모으면 빛이 렌즈를 통과할 일이 없기 때문에 색수차가 발생하지 않는다. 즉, 반사망원경에는 색수차가 없다. 또한 굴절망원경에 비해 제작이 상대적으로 단순하며, 구경을 크게 만들 수 있기 때문에 현대의 천문대에서 사용하는 망원경은 거의 반사망원경이라고 해도 과언이 아니다(현존하는 세계 최대 굴절망원경의 지름은 102cm에 불과하다).

1-20 뉴턴이 만든 최초의 반사방원경 복각품. 영국왕립협회 보유. 뉴턴의 망원경은 가격의 편의성을 위해 구면경으로 제작되었으며, 지름은 3.3cm, 초점비는 F5였다.

굴절망원경의 종류가 몇 가지 되지 않는 것에 비해 반사망원경은 어떤 모양의 거울로 빛을 모으고 경통 밖으로 빼내는가에 따라 다양한 형태의 반사망원경이 존재한다. 그중에서 가장 대표적인 것이 뉴턴식 반사망원경(Newtonian reflector)이다. 영국의 과학자 아이작 뉴턴(Isaac Newton, 1642-1726)은 색수차가 없는 망원경을 고민하다 1668년 반사망원경을 발명했다.

사실 반사망원경이라는 콘셉트는 뉴턴이 최초로 생각한 것이 아니다. 1616년 이탈리아의 과학자 니콜로 주키(Niccolò Zucchi, 1586-1670)는 구리로 만든 오목거울로 망원경을 만들려고 했지만 제조기술이 없어 만족할 만한 성능을 얻지 못했고, 1663년 스코틀랜드의 수학자이자 천문학자인 제임스 그레고리(James Gregory, 1638-1675)가 그레고리식 반사망원경에 대한 아이디어를 냈지만 이 역시 당시의 기술로는 만들 수 없었다. 그후 10년이 지난 1673년에 영국의 과학자 로버트 후크(Robert Hooke, 1635-1703)가 최초의 그레고리식 반사망원경을 제작했다(1726년에 존 하들리가 만들었다는 의견도 있다).

하지만 실제 작동하는 반사망원경은 뉴턴이 최초로 만들었다. 이후 프랑스의 가톨릭 수도사였던 로랑 카세그레인(Laurent Cassegrain, 1629-1693)이 1672년에 카세그레인 반사망원경을 개발했고, 이 망원경의 형태를 기반으로 돌 커크햄(Dall-Kirkham), 리치-크레티앙(Ritchey-Chrétien) 등과 같은 파생형 반사망원경이 등장했다.

반사망원경은 구조상 빛을 경통 밖으로 뽑아내기 위한 부경이 주경의 일부분을 가리게 되어 실제 거울의 지름에 비해 빛을 덜 모을 수밖에 없다. 또 부경을 지탱하기 위한 스파이더라는 구조물로 인해 회절현상이 발생하여 밝은 별이 점이 아니라 십자모양으로 나타나고, 동일한 구경의 굴절망원경 대비 콘트라스트가 떨어져 보인다는 단점이 있다. 또 거울 두 개의 중심을 일치시키는 과정, 즉 광축 조정이 필요하다. 하지만 색수차가 없고 비교적 저렴한 비용으로 큰 구경의 망원경을 만들 수 있다는 장점이 있기 때문에 널리 사용되고 있다.

## 뉴턴식 반사망원경(Newtonian telescope)

뉴턴식 반사망원경은 망원경 뒤쪽에 위치한 포물면의 오목거울(**주경**★Main mirror) 빛을 모아 반사시키며 앞쪽에 위치한 평면거울(**부경**★Secondary mirror)을 통해 경통 밖으로 빛을 뽑아내는 구조로 되어 있다.

반사망원경이기에 색수차가 없으며, 포물면경과 평면경으로만 이루어져 있어 구경 대비 저렴하고 다른 어떤 망원경보다 제작이 간단하여 아마추어들이 자작으로 만들기도 한다. 필요에 따라 F수를 4 이하로 작게 만들 수 있어서 사진용으로도 사용이 가능하며, 이와 반대로 초점거리를 길게 만들어 행성 관측용으로 제작하는 것도 가능하다. 또한 다른 망원경에 비해 대구경으로 만드는 것이 쉽기 때문에 아마추어용 대형 망원경의 경우 대부분 뉴턴식 반사망원경이다.

반면, 접안부 부분이 경통의 앞쪽에 위치하며 측면을 향하고 있으므로 경우에 따라 불편한 자세로 관측해야 하고 무게 중심 잡기도 까다롭다.

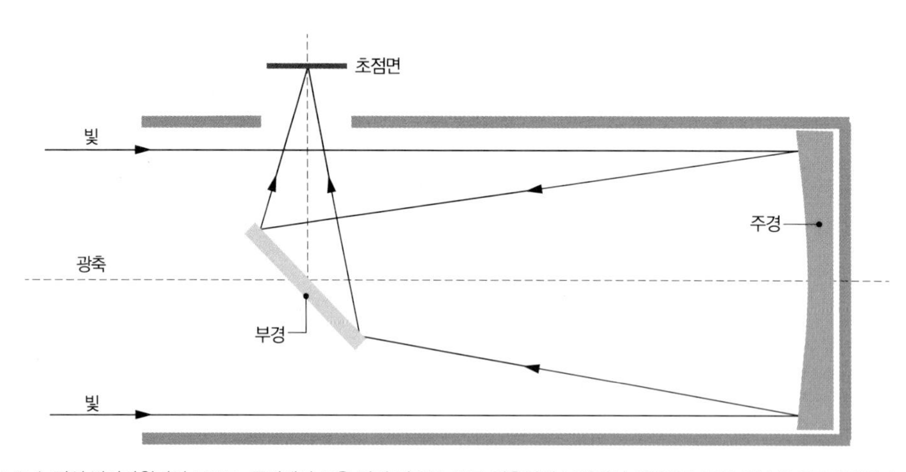


1-21 뉴턴식 반사망원경의 구조도. 주경에서 모은 빛의 경로를 45도 기울어진 부경에서 직각으로 틀어 경통 밖으로 빼내준다.

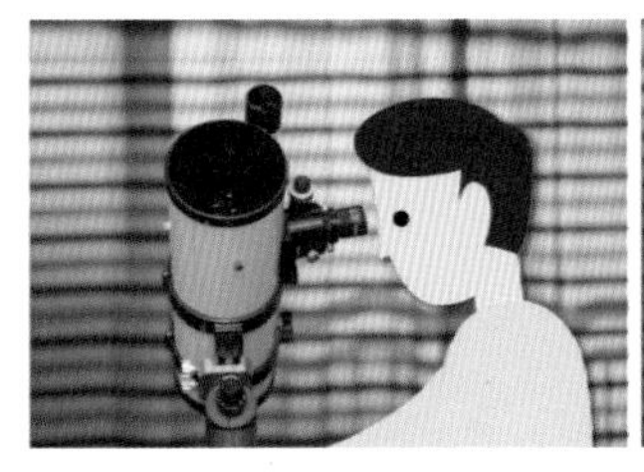
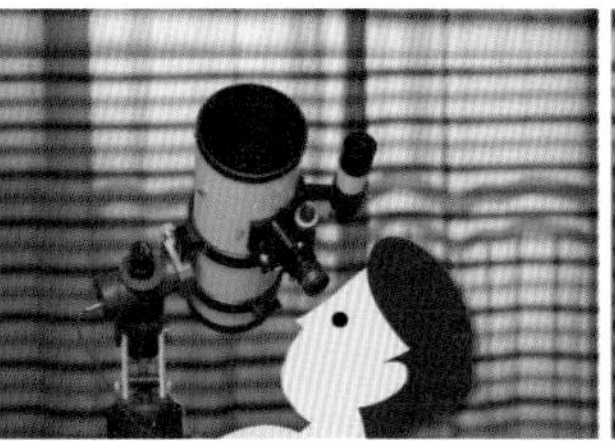
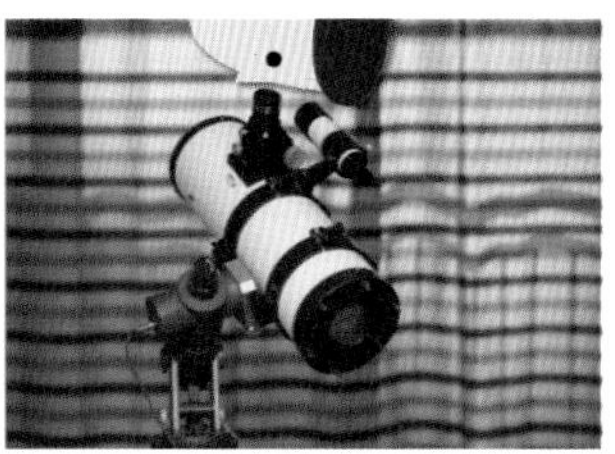

1-22 뉴턴식 반사망원경의 접안부는 경통 옆에 있기 때문에, 적도의에 올려서 사용하는 경우 망원경이 향하는 방향에 따라 매우 불편한 자세로 관측을 하게 된다. 이럴 때마다 경통을 돌려줘야 하는 불편함이 있다. 돕소니언을 포함, 경위대에 얹어서 사용하는 경우에는 이런 문제가 생기지 않는다.

광학적으로는 다른 광학계에 비해 코마수차(부록 참조)가 많이 발생하는데, 특히 F수가 작을수록 심하게 발생하며, 천체사진을 찍을 때 이미지의 가장자리 부분으로 갈수록 별이 혜성의 코마(Coma, 혜성의 핵을 둘러싸고 있는 가스 부분)와 같은 모양으로 늘어져 보이게 된다. 하지만 코마수차를 줄여주는 코마 커렉터(Coma-Corrector, 코마수차를 줄여주는 렌즈. 뉴턴식 망원경의 접안부에 장착한다)를 사용하면 이 문제는 상당한 수준으로 해결이 가능하다.

뉴턴식을 포함한 반사망원경은 굴절망원경에 비해 보관 및 이동 중에 광축이 틀어질 가능성이 크기 때문에 고정 관측지를 사용하지 않는 이상 광축 조정에 신경을 많이 써야 하는 것은 숙명이다. 하지만 레이저 콜리메이터라는 도구를 사용하여 손쉽게 광축을 조정할 수 있기 때문에 너무 겁먹을 필요는 없다. 예전에 필자가 사용하던 빅

### *주경, 부경이란?

주경은 반사망원경에서 빛을 모으는 역할을 하는 거울을 의미하며 1차경이라고도 한다. 부경은 주경에서 모은 빛을 경통 밖으로 뽑아주는 역할을 하는 거울로 2차경이라고도 한다. 각각의 거울은 형태에 따라 또 다른 명칭이 붙는데, 예를 들어 뉴턴식 반사망원경의 부경은 평평하며 45도 기울어져 있기 때문에 사경(斜鏡)이라 부르기도 한다.

1-23 6인치 F4 망원경 전용으로 나온 코마 커렉터. 전용 커렉터 외에도 다양한 뉴턴식 망원경에 사용할 수 있는 범용 코마 커렉터(텔레뷰 사의 파라코어 등)도 시장에 나와 있다.

1-24 레이저 콜리메이터를 이용하여 광축을 맞추는 모습

센이라는 망원경 회사에서 나온 VC200L Visac이라는 극악의 광축 맞추기가 필요한 망원경에 비하면 뉴턴식 망원경은 양반이다. 레이저 콜리메이터를 이용한 뉴턴식 망원경의 광축 조절 방법은 11장에서 자세히 알아보기로 한다.

### 뉴턴식 반사망원경의 실제 구조

그렇다면 실제로 뉴턴식 반사망원경은 어떤 모습인지 사진과 함께 살펴보자.

사진 1-25의 뉴턴식 반사망원경은 국내 망원경 수입업체에서 판매하고 있는 구경 6인치의 F5 제품이며, 사진에서 가장 먼저 보이는 것은 스파이더라는 부품이다. 금속판이나 플라스틱을 십자형으로 만들어 경통의 중앙부에 부경이 위치할 수 있도록 지지해주는 역할을 한다. 스파이더로 인해 별빛이 경통을 통과하면서 회절을 하며 밝은 별 주위로 십자형의 독특한 회절무늬가 생긴다.

스파이더 중간에 있는 둥근 부분이 부경을 지지해주는 부경셀이다. 부경셀 부분을 자세히 보면 중앙에 나사가 하나 있고 그 주변에 3개의 나사가 120도의 각도를 두고 위치한 것을 볼 수 있으며, 이것으로 부경의 광축을 조정한다. 뉴턴식 반사망원경 사용자라면 이 나사와 친해질 필요가 있다. 경통의 옆을 보면 초점 조절 장치인 포커서가 보인다. 포커서의 손잡이를 돌리면 포커서 안에 있는 드로튜브가 안팎으로 움직여 접안렌즈나 카메라가 적당한 위치에 오도록 조정할 수 있다.

망원경의 뒤쪽을 보면 여러 개의 나사가 배치되어 있다(사진 1-27 참고). 이 나사를 조정하여 주경의 각도를 조정하여 광축을 맞춘다. 각각의 나사쌍의 한쪽 나사는 거울을 지지하고 있는 미러셀을 미는 역할을 하고, 나머지 하나는 당기는 역할을 한다. 밀고 당기는 식으로 된 광축 조절나사를 잘 고정하면 광축이 잘 틀어지지 않는다는 장점이 있지만 익숙해지기 전까지는 사용이 조금 어렵다. 저가형 반사망원경이나 돕소니언

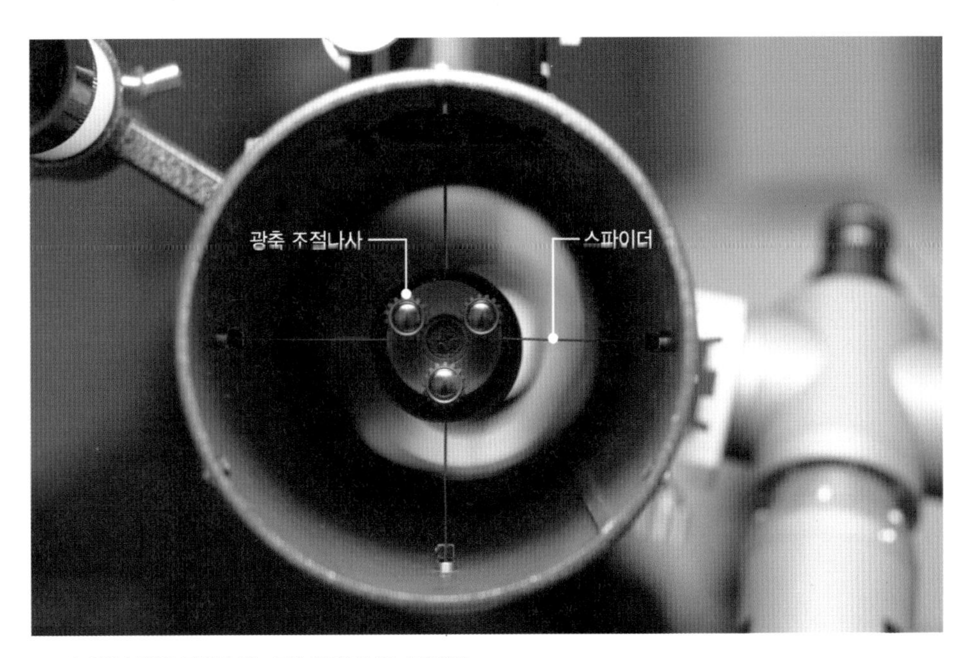


1-25 뉴턴식 망원경 전면에 있는 광축 조절나사와 스파이더

망원경의 경우 6개의 나사 대신 3개의 나사를 사용하며 미는 역할을 하는 스프링을 추가 하는 구조로 되어 있는 경우도 있다. 광축이 잘 어긋나지만, 빠르고 간편하게 조정이 가능하다는 장점이 있다.

1-26 뉴턴식 반사망원경 포커서의 경우 드로튜브의 가동 범위가 굴절망원경에 비해 짧은 편이다. 길면 포커서가 경통 안쪽으로 들어갈수록 드로튜브가 주경을 가리는 면적이 늘어나 빛을 모으는 데 손해를 보게 된다.

이제 망원경에 주경이 어떻게 장착되어 있는지 살펴보자.

망원경 기종마다 조금씩 차이는 있지만, 기본적으로 주경은 그냥 평평한 판이 아니라 미러셀이라는 특별한 모양의 거울을 받쳐주는 구조물에 살짝 얹혀져 있다(구경이 작은 경우는 그냥 평평한 곳에 코르크를 붙여 얹어 놓기도 한다). 거울도 중력 및 기타 여러가지 힘에 의해 모양이 조금씩 변형되는데, 천체관측 시 망원경의 방향이 바뀜에 따라 포물면이 찌그러져 화질이 나빠진다. 이를 막기 위해 거울의 무게를 잘 분산시켜 거울의 뒤틀림이 최소화되도록 해주는 설계의 미러셀을 사용하게 된다.

1-27 보통 미는 나사와 당기는 나사가 한 쌍을 이루는 형식으로 구성되어 있지만 이 6인치는 쌍을 구성하지 않는 구조로 되어 있다.

초창기 반사망원경의 거울은 유리가 아닌 금속으로 만들었다. 하지만 금속 거울의 경우 반사율도 낮고 녹이 발생하는 문제가 있기 때문에 효율이 떨어진다고 할 수 있다. 금속을 유리에 코팅하는 방법이 개발되면서 금속 대신 유리로 만든 거울을 사용하게 되었고, 이로 인해 보다 반사율이 높고 정밀한 거울을 망원경에 장착할 수 있게 되었다.

1-28 소구경 반사망원경 미러셀의 모습. 아주 간단하게 3군데에서 미러를 받치게 되어 있다. 구경이 큰 망원경의 경우 훨씬 복잡한 형태의 미러셀을 사용한다.

정밀하게 연마된 유리에 알루미늄이나 은, 경우에 따라 금으로 피막을 입히면 반사경이 되는데, 코팅을 한 금속 부분의 산화 방지와 반사율을 높이기 위해 이 위에 SiO 보호막을 입혀주기도 한다. 그런데 문제는 아무리 보호막을 입혔다 해도 오랜 기간 동안 망원경을 사용하면 코팅이 산화되기 때문에 재코팅이 필요해지기도 한다. 하지만 그리 걱정하지 않아도 되는 게, 수명이 상당히 길어 관리를 잘한 경우 10년 이상은 거뜬하다. 다행히 국내에 미러 코팅을 해주는 기업이 있기 때문에 미러 코팅의 수명이 다 되었다고 생각될 때 재코팅 작업을 맡기면 그만이다.

## 돕소니언 망원경 (Dobsonian Telescope)

안시관측에 있어서 가장 중요한 것은 망원경의 구경이다. 구경이 크면 클수록 희미한 빛을 조금이라도 더 모을 수 있어 어두운 천체를 보는 데 유리하다.

일반적으로 우리가 망원경을 구입할 때 경통, 가대, 삼각대, 기타 액세서리로 세트를 구성하는데, 이중에서 가장 가격이 많이 나가는 부분이 경통과 가대라고 할 수 있다. 그렇다면 가대(가대에 관해서는 2장에서 설명)에 들어갈 비용을 경통으로 돌릴 수 있다면, 경통의 구경을 주어진 예산 안에서 훨씬 크게 만들 수 있다.

돕소니언 망원경이 바로 이런 콘셉트를 가지고 있는 대구경의 장점을 극대화시킨 형태의 망원경이다. 일반적인 경위대와는 다른 아주 간단한 모양의 가대를 사용하는데 이를 돕소니언 가대라고 하며, 여기에 뉴턴식 반사망원경을 얹으면 돕소니언 망원경이 된다. 기본적으로는 경위대 위에 얹은 뉴턴식 반사망원경이지만, 최근에는 별도 장르의 망원경처럼 돕소니언이라는 용어를 쓰고 있다.

이 형식의 망원경은 길거리에서 시민들에게 별을 보여주고자 망원경을 저렴하게 제작하기 위해 존 돕슨(1915-2014)이 1960년대에 고안했다. 그는 선박용 창문 유리로 주경을 만들고 종이 튜브로 경통을, 합판으로 가대를 제작했다. 이와 같이 저렴한 재료로 만든 특징을 가진 망원경을 돕소니언 망원경으로 정의했다.

하지만 최근에는 정밀도가 높은 거울에다 기구부에도 보다 좋은 소재를 적용하여 화질이 좋을 뿐만 아니라 간단하게 조립 및 이동이 가능하고 내구성이 우수한 돕소니언 망원경이 많이 나오고 있다.

실제로 필자가 고등학교, 대학교에 다니던 90년대만 해도 스카이 & 텔레스코프(Sky & Telescope)나 아스트로노미(Astronomy)와 같은 미국의 아마추어 천문잡지를 보면 종이 경통(sono tube)으로 만든 돕소니언 망원경 광고를 쉽

1-29 국내 돕소니언 자작 명인(예진아빠 님)이 제작한 대형 돕소니언 망원경의 모습. 구경이 큰 만큼 길기 때문에 의자나 사다리를 밟고 올라가야 한다.

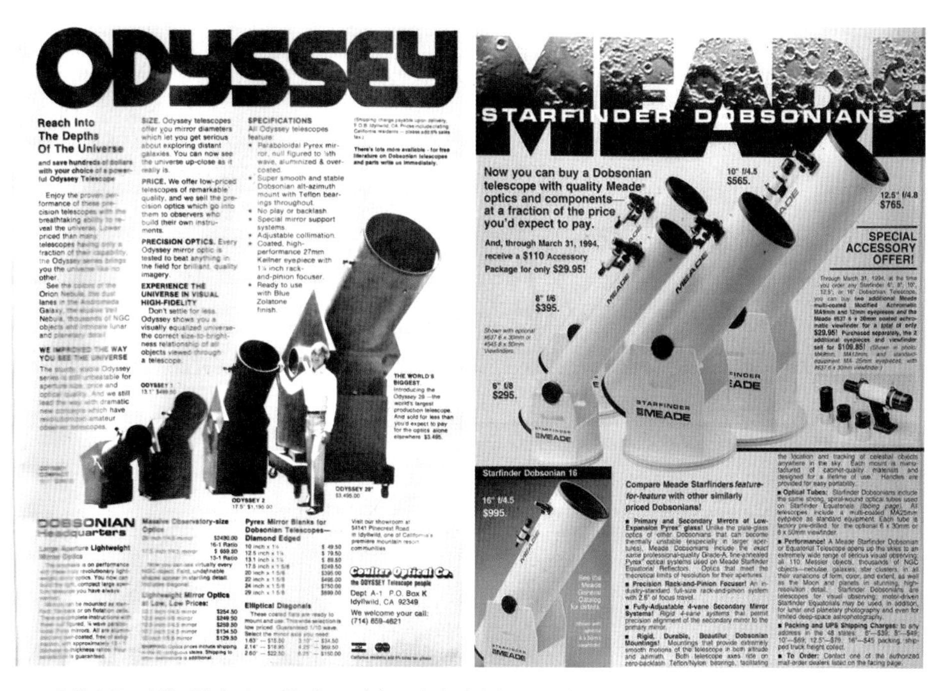


1-30 초창기 돕소니언 망원경 광고. 왼쪽은 90년대 초에 잘 나가던 오디세이 망원경의 광고다. 이 망원경의 최초 제작사였던 카울터 옵틱스는 1995년에 문을 닫았고, 오디세이 망원경은 2001년을 끝으로 나오지 않고 있다. 오른쪽은 SCT 망원경으로 유명한 미드사에서 처음 발매한 돕소니언 망원경 광고. 현재 판매하는 트러스 형태의 제품과는 형태가 많이 다르다.

게 볼 수 있었다. 이러한 돕소니언 망원경은 존 돕슨이 고안했던 모습에 가까운 형태를 띠고 있었지만, 생각보다 무겁고 부피를 줄일 수 없어서 일반적인 승용차에 넣기도 힘들었을 뿐만 아니라 구경을 키우는 데도 한계가 있을 수밖에 없었다. 미국에서는 픽업트럭을 많이 사용하기 때문에 사용이 가능했던 구조가 아닐까 짐작해본다.

요즘에는 경통을 종이 튜브로 만들기보다는, 8~12인치급은 금속 튜브를 사용하며, 보통 12인치 이상의 망원경을 튜브로 만들 경우 부피가 커져 차에 싣기가 어렵기 때문에 트러스(Truss) 형태로 만들어 이동시에 쉽게 분해 및 조립할 수 있도록 하는 것이 보편적이다.

최근에는 트러스 구조라고는 할 수 없지만 트러스 돕에서 사용하는 봉의 개수(보통

트러스(Truss) 구조의 돕소니언 망원경(1-31). 돕소니언의 종류에 따라 분해했을 때 1-32처럼 아주 작아지는 제품도 있다. 실제로 보면 마술상자 같은 느낌이다. (1-31, 1-32 사진 제공 : NADA 박영식 님)

은 8개의 봉을 조립해야 한다)보다 훨씬 적은 3개나 4개의 금속봉을 이용하고 신축식으로 늘었다 줄었다 하는 제품도 출시되고 있다. 이동시의 부피는 트러스식에 비해서는 크지만 조립이 간단하다는 장점이 있다.

돕소니언 망원경은 대체로 8인치급 망원경부터(물론 더 작은 것도 있긴 하다) 20인치가 넘는 초대형 망원경도 있으며, 때로는 아마추어들이 손재주를 발휘하여 직접 제작하기도 한다. 미러는 전문업체에서 구입할 수도 있고 자작도 가능하다. 하지만 미러 제작은 또 다른 취미의 영역이다. 제대로 된 미러를 만들기 위해서는 많은 시간과 노력이 들기 때문에, 미러 제작을 취미로 삼는 것이 아닌 이상 구입하는 것을 추천한다.

다른 망원경에 비해 상대적으로 구경 대비 저렴한 가격으로 대구경 망원경을 가질 수 있기 때문에 성운, 성단, 은하와 같은 딥스카이(Deep-Sky) 천체를 망원경을 통해 눈으로 직접 보고자 한다면 돕소니언이 가장 알맞다. 하지만 기본적으로 망원경의 시야 안에 있는 별을 따라가는 기능이 없는 망원경이라 별의 일주운동에 맞춰 손으로 조금씩 경통을 밀어가면서 관측을 해야 하기 때문에 천체관측 시 집중력이 조금 떨어질 수 있다. 또한 자동으로 천체를 찾아주는 GOTO 기능이 없어 초보에게는 조금 불편할 수도 있다.

물론 관측 대상을 하나하나 찾아보는 과정을 거치면서 밤하늘 어디에 무엇이 있는지 익히게 되지만 아무래도 익숙해질 때까지는 보는 것보다 찾는 데 많은 시간을 들이게 되기 때문에 별보기가 재미있기보다는 힘들게 느껴질 수 있다. 여름엔 덥고 겨울엔 추운데 내가 찾는 천체는 시야에 들어오지도 않고, 지금 어디를 향하고 있는지도 잘 모르겠고….

이런 고통을 느끼는 아마추어들을 위해 현재 망원경이 향하고 있는 곳의 좌표를 디지털 방식으로 표시해주는 디지털 세팅 서클(Digital setting circle, DSC)이나 GOTO 기능이 있는 돕소니언 망원경도 시중에 나와 있다. 이런 제품을 사용하면 찾는 재미도 느낄 수 없고, 딥스카이 천체를 찾아가는 기술도 늘지 않으며, 하룻밤에 많이 볼 욕심에 관측 대상을 집중적으로 보게 되지는 않지만 별 찾는 스트레스는 훨씬 덜하다. 이 부분에 대해서는 갑론을박이 있을 수 있지만 각자 취향대로 고르면 될 것이다.

돕소니언 가대가 간이 적도의처럼 작동할 수 있게 해주는 EQ 플랫폼이라는 장치도 있다. 일반적인 적도의에 비해 추적 시간이 짧다는 단점(60분 정도)이 있지만, 트래킹이 가능하기 때문에 손으로 망원경을 조정할 필요 없이 보다 편안한 관측이 가능할 뿐더러 돕소니언 망원경의 대구경을 살린 간단한 사진촬영도 가능하다.

## 카세그레인식 반사방원경 및 그 파생형

카세그레인식 반사망원경은 오목한 **포물면***형태인 주경과 볼록한 **쌍곡면***의 부경으로 이루어져 있으며, 주경에서 모은 빛을 부경에서 반사시켜 주경의 가운데에 있는 구멍을 통해 경통 밖으로 보내는 구조로 되어 있다. 볼록한 부경은 주경에서 모은 빛을 확대하는 효과를 가지고 있어 경통 길이에 비해 긴 초점거리를 가진 망원경을 만들 수 있다는 장점이 있다.

최초의 카세그레인 설계, 즉 포물면의 주경 그리고 볼록 쌍곡면의 부경을 이용한 망원경을 요즘에는 클래식 카세그레인(Classic Cassegrain)이라고 부른다. 아마추어용으로는 과거 일본의 망원경 제작사 타카하시에서 만든 CN-212(부경을 교체하여 뉴턴식 반사와 카세그레인을 전환할 수 있는 모델)가 대표적이라고 할 수 있지만 현재는 단종된 상태이며, 한동안 아마추어용 클래식 카세그레인 반사망원경의 양산품을 찾아보기 힘들었다. 아무래도 구경비가 작은 포물면 제작 및 쌍곡면의 부경 제작이 까다로운 것에 비해 수차가 있으며 광축에 매우 민감하기 때문일 것이다. 하지만 최근에 GSO라는 망원경 회사에서 아마추어용 클래식 카세그레인 망원경을 판매하기 시작했다.

클래식 카세그레인 망원경의 단점을 보완한 대표적인 두 가지 파생형 망원경으로

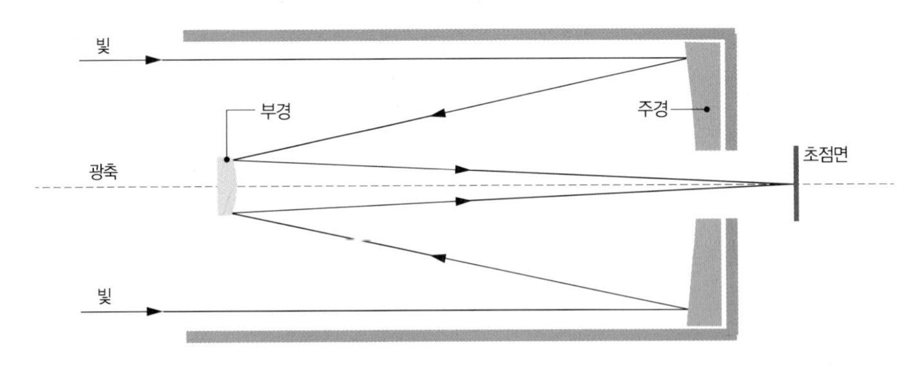


1-33 카세그레인 망원경의 구조. 주경에서 모은 빛을 부경에서 반사하여 주경의 가운데 구멍을 통해 뒤쪽으로 빼내게 된다.

리치-크레티앙(Ritchey-Chrétien, 이하 RC)과 달-커크햄(Dall-Kirkham, 이하 DK)을 들 수 있다. 기본적인 거울이 배치는 클래식 카세그레인과 동일하지만 사용하는 거울의 형태에 차이가 있다. RC의 경우 주경과 부경 모두 쌍곡면의 거울로 구성되어 있으며, 코마수차와 구면수차가 거의 없고 별상이 이미지 서클의 주변부까지 둥글게 나오기 때문에 사진촬영용으로 적합하다. 물론 이미지 서클의 주변부로 갈수록 별의 크기가 늘어나기 때문에 보정렌즈를 사용하여 이를 수정하기도 한다.

1-34 GS optics의 8인치 RC

RC는 천문대급 반사망원경으로 많이 사용하며, 아마추어용으로는 대만의 GSO에서 나온 제품이 RC 중에서 저렴하면서도 성능이 괜찮은 편이라 널리 알려져 있다. 하지만 RC는 광축에 매우 민감하기 때문에 정밀하게 세팅해놓지 않으면 제 성능이 나오지 않는다. DK 망원경도 RC와 마찬가지로 각 반사경의 배치는 클래식 카세그레인과 동일하다. 하지만 오목한 포물면경을 주경으로 사용하고 볼록한 구면경을 부경으

***구면, 포물면, 쌍곡면, 이게 다 무슨 말이지?**

망원경에 대한 글을 읽다 보면 구면, 포물면 등의 표현이 자주 등장한다. 표면이 매끄러운 당구공이 있다고 하자. 여기에 찰흙을 붙여서 눌렀다가 떼면 당구공과 붙어 있던 찰흙의 표면은 오목한 모양을 간직하게 된다. 이것이 구면이다. 포물면도 마찬가지다. 고등학교때 배웠던 수학을 잠시 떠올려보자. 혹시나 $y=x^2$, 이것이 포물선의 기본 공식이었던 것이 기억날지도 모른다. 공식은 몰라도 포물선이 어떻게 생겼는지는 기억날 것이다. 우리는 2차원의 포물선을 공부했지만, 3차원의 포물선이 있다고 가정해보자. 구면과 마찬가지로 이 3차원의 포물선에 찰흙을 붙였다 떼면 포물면이 되는 것이다. 쌍곡선면이나 타원면도 이런 식으로 생각하면 이해하기 쉽다.

1-35 DK 방식의 타카하시 뮤론 망원경

로 사용하기 때문에 RC에 비해 상대적으로 제작이 쉬우며, 구면경을 부경으로 사용하여 광축에 덜 민감한 편이다. 상 주변부의 코마수차는 심하지만 중심부의 화질은 좋아서 고배율 행성 관측용으로 적당하다. 아마추어용으로는 타카하시에서 나온 뮤론 시리즈가 대표적이다.

DK의 장점을 살리면서 주변부 화질을 개선하기 위해 보정렌즈를 탑재한 망원경도 있는데, 이를 Modified Dall-Kirkham(이하 MDK)이라고 한다(제작사에 따라 부르는 이름이 조금씩 다르지만 일반명사는 Modified Dall-Kirkham이 맞다). RC와 MDK는 항상 비교되는 대상이며, 이 둘 중에 무엇을 사야 좋을지 고민이라는 글도 해외의 유저 포럼에서 찾아볼 수 있다. 하지만 RC든 MDK든 제대로 만든 망원경은 가격이 만만치 않다.

반사망원경의 특징을 정리하면 다음과 같다.

- 거울를 이용하여 빛을 모은다.
- 색수차가 없다.
- 같은 구경의 굴절망원경 대비 중앙부 차폐가 있어 빛을 모으는 데 손해를 본다.
- 항상 광축에 신경을 써야 하며, 광축 조정 방법을 숙지하고 있어야 한다.
- 뉴턴식 망원경의 경우 망원경이 향하는 방향에 따라 관측 자세가 불편해질 수 있다.
- 가격 대비 구경을 크게 만들 수 있어 안시관측에 유리하다(물론 사진촬영도 가능하다).

# 카타디옵트릭 망원경

익숙하지 않은 단어 카타디옵트릭은 카타옵트릭(Cataoptric)과 디옵트릭(Dioptric)을 합친 말이다. 카타옵트릭은 그리스어로 거울이라는 뜻을 가진 Katptron에서 온 단어로 거울을 이용한 광학계나 망원경을 말하고, 디옵트릭은 렌즈를 이용한 광학계를 의미한다. 카타디옵트릭은 이 반사광학계와 굴절광학계를 혼합한 형식의 광학계 혹은 망원경을 의미한다. 우리말로는 복합광학계 혹은 반사굴절식이라는 표현을 쓰기도 한다. 우리가 자주 접할 수 있는 카타디옵트릭 망원경은 반사광학계가 빛을 모으는 역할을 하며, 굴절광학계는 반사광학계의 수차를 보정해주는 역할을 담당한다. 그렇기 때문에 반사와 굴절이 대등한 역할을 하는 느낌을 주는 반사굴절식보다는 카타디옵트릭 혹은 복합광학계로 표현하는 것이 좋다.

## 슈미트 카메라

현재 아마추어용으로는 판매되는 것이 없는 형태의 망원경이지만 카타디옵트릭 망

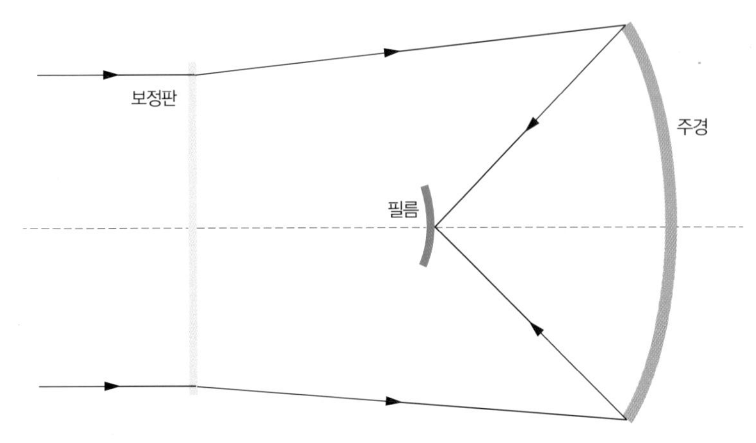


1-36 슈미트 카메라의 구조도. 주경보다 크기가 작은 슈미트 보정판을 사용한다. 구경 대비 초점거리가 매우 짧아 넓은 시야를 한 번에 촬영할 수 있다는 장점이 있다. 최근에는 지상용으로는 거의 만들어지지 않고 있지만, 외계 행성을 탐사하는 케플러 우주망원경도 슈미트 카메라가 적용되어 있다.

원경의 원조이기 때문에 소개를 하지 않을 수 없다. 슈미트 카메라는 19세기 망원경이 가지고 있던 한계점, 즉 사진 관측 시 망원경의 장초점으로 인한 좁은 시야와 구조로 인한 수차의 한계를 뛰어넘기 위해 에스토니아 출신 독일 광학자인 베른하르트 슈미트(Bernhard Schmidt, 1879-1935)가 발명했다.

사진이 천문학에 도입되던 시기에 천문학자들은 하늘 전체를 사진에 담고 싶어 했지만, 당시의 망원경들은 초점거리가 길었던 만큼 시야가 좁아서, 이 작업을 하려면 아주 오랜 시간이 걸렸다. 그렇다고 해서 F수가 작은 반사망원경을 사용할 경우에는 코마수차에 의해 사진의 가장자리로 갈수록 별이 혜성 꼬리처럼 늘어지게 되어 쓸 수가 없었다.

이 문제를 해결하기 위해 슈미트는 구면거울 앞쪽에 구면수차를 보정할 수 있는 특별한 구조의 주경보다 구경이 조금 작은 보정판을 설치하여 반사경에서 발생하는 구면수차를 보정판이 상쇄할 수 있도록 했으며, 필름을 휘어진 상태로 망원경 안쪽에 설치했다. 안시관측이 불가능한 사진촬영 전용 광학기기라서 망원경이 아닌 '카메라'

라는 이름이 붙었다. 최초의 슈미트 카메라는 구경이 360mm, F1.75로, 짧은 노출시간으로 넓은 영역을 촬영할 수 있었다. 아마추어용으로는 1970년대에 미국의 천체망원경 메이커인 미드와 셀레스트론에서 소량 제작한 적이 있다.

## 슈미트 카세그레인 망원경(Schmidt Cassegrain Telescope)

아마추어용 카타디옵트릭 망원경 중에서 쉽게 구할 수 있는 망원경은 슈미트 카세그레인 망원경, 슈미트 뉴토니언 망원경, 그리고 막스토프 카세그레인 정도로 볼 수 있다. 그중에서 가장 흔히 볼 수 있는 것이 슈미트 카세그레인 망원경(이하 SCT)이다.

SCT는 구면으로 제작된 오목한 주경과 역시 구면으로 제작된 볼록한 부경으로 구성되어 있으며, 구면광학계에서 발생하는 구면수차를 줄이기 위해 망원경의 전면에 슈미트 보정판을 부착했다.

주경과 부경 모두 구면경이기 때문에 거울의 제작 비용이 저렴하며 상대적으로 광축에 덜 민감한 편이다. 물론 그렇다고 해서 광축을 맞추지 않아도 된다는 뜻은 아니

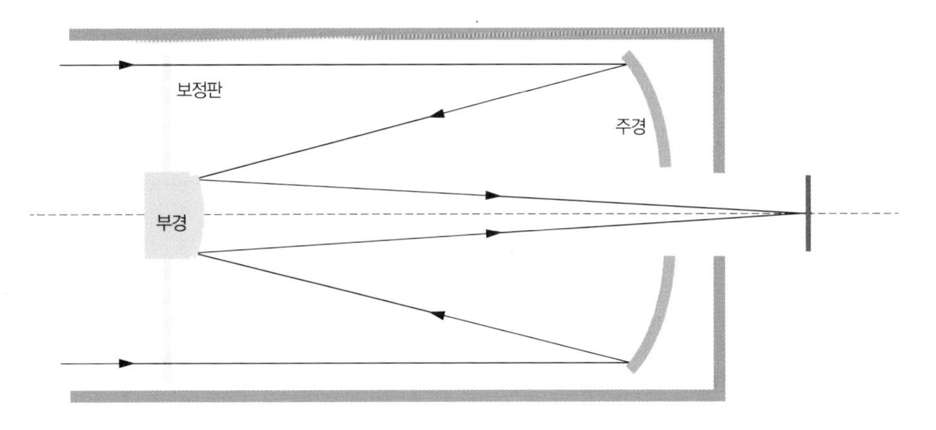


1-37 SCT의 구조. 클래식 카세그레인 망원경과 거의 비슷한 모습이지만, 슈미트 보정판이 부착되어 각종 수차를 줄여준다.

1-38 SCT를 정면에서 본 모습. 경통 맨 앞에 보정판이 있고, 보정판 중심에 부경을 잡고 있는 부경셀이 있으며, 경통 안쪽으로 주경이 보인다.

다. 살짝 맞지 않아도 적당히 보인다는 의미로 생각하면 되겠다.

원래는 슈미트 보정판을 만들기가 상당히 어려웠지만 미국의 망원경 회사인 셀레스트론(Celestron)에서 저렴하게 보정판을 대량 생산하는 방법을 개발하면서 널리 보급되기 시작했다.

카세그레인 망원경과 같이 긴 초점거리에 비해 경통이 전반적으로 짧다는 특징이 있으며, 보정판에 부경이 장착되기 때문에 스파이더에 부경을 장착하는 다른 카세그레인 계열의 반사망원경이나 뉴턴식 반사망원경에서 생기는 십자형의 회절무늬가 나타나지 않는다.

SCT로 가장 잘 알려진 브랜드로는 미국의 셀레스트론과 미드(Meade)를 꼽을 수 있다. 1990년도 즈음에 타카하시에서 TSC-225라는 전설의 SCT를 100대 한정으로 만든 적이 있고, 유럽에는 소규모로 SCT를 제작하는 회사도 있지만, 역시나 대표주자는 셀레스트론과 미드라 할 수 있겠다. 최고급 품질을 자랑하는 망원경이라고 할 수는 없지만 괜찮은 가격에 괜찮은 성능을 내는 제품을 생산한다.

SCT의 포커싱 매커니즘은 조금 독특하다. 일반적인 굴절망원경이나 뉴턴식 반사망원경의 경우 초점을 조절하면 포커서가 들어가거나 나오지만, SCT는 경통의 안쪽에 있는 주경이 앞뒤로 움직여 초점을 조절하는 구조로 되어 있다. 이런 방식을 주경이동식 포커서라고 한다. 초점을 조절할 때 초점 조절나사가 주경의 한쪽을 밀었다 당겼다 하기 때문에 주경이 앞뒤로 기울어지며 상이 조금씩 흔들리는 이미지 시프트(Image-shift) 현상이 발생한다. 저배율로 안시관측 시, 상이 조금씩 움직일 때는 그러려니 할 수 있지만, 행성이나 달 표면을 고배율로 관찰하거나 초점거리를 늘린 상태에서 촬영할 때 화면 가운데 잡아놓은 별의 초점을 미세하게 조정하려고 하면 시야에서 사라지는 경우도 있어 여간 성가신 것이 아니다. 뿐만 아니라 성운을 촬영하기 위해 오랜 시간 노출을 주고 있다 보면 망원경의 자세의 변화에 따라서도 이미지 시프트가 발생한다. 두 번째 경우는 최근에 나오는 SCT에 장착되어 있는 미러락(Mirror Lock) 기능을 사용하여 주경을 단단히 고정시킴으로써 막을 수 있다.

1-39 왼쪽은 초점거리 800mm짜리 굴절망원경이며, 오른쪽은 2000mm짜리 SCT 망원경이다. SCT의 초점거리가 훨씬 길지만, 경통의 길이는 옆에 있는 굴절망원경에 비해 짧다. 경통 끝에 씌워져 있는 후드의 길이는 빼고 비교해보자.

이런저런 불만이 있음에도 불구하고 주경이동식 포커서도 장점이 있기 때문에 계속 사용하는 것이 아닌가 싶다. 초점을 변화시켜도 망원경에 장착한 카메라나 아이피스와 같은 액세서리의 위치 변화가 없기 때문에 무게중심이 거의 바뀌지 않으며, 또한 주경이 조금만 이동해도 초점의 변화가 크기 때문에 초점을 조절할 수 있는 범위가 넓어서 편리하다.

### SCT의 실제 구조

이제 실제 SCT의 구조를 살펴보자. 기종에 따라 조금씩 차이가 있을 수 있지만 기본적인 모습은 동일하기 때문에 이 책에서 소개하는 망원경과 다른 제품을 보더라도 이해하는 데는 무리가 없을 것이다. 이 책에서는 셀레스트론사의 EDGE HD8이라는 8인치급 SCT를 기준으로 설명한다.

1-40 SCT를 옆에서 본 모습. 왼쪽이 앞, 오른쪽이 뒷부분이다.

위에서 설명한 바와 같이 다른 형태의 망원경에 비해 SCT를 포함한 카세그레인 형식을 따르는 망원경의 형태는 굵고 짧다. 하지만 초점거리는 망원경의 크기에 비해 길어서(사례로 든 망원경의 초점거리는 무려 2032mm) 높은 배율을 내는 데 편리하다.

SCT를 앞에서 살펴보면 사진 1-41과 같다. 중앙에는 부경을 지지하고 있는 부경셀이 위치하며, 부경셀은 보정판에 고정되어 있는 형태이다. 가장 안쪽에는 주경이 위치하고 있다.

1-41 SCT를 앞에서 본 모습. 중앙에 보이는 둥근 부분에 부경이 위치한다.

부경셀의 중심에는 3개의 나사가 120도 각도로 배치되어 있다. 이 나사를 이용해 부경을 움직여 광축을 잡는다. 주경이동식 포커싱 시스템을 사용하기 때문에 주경 쪽에는 광축을 맞추기 위한 나사가 없다. 또한 구면 광학계를 사용

1-42 3개의 나사로 광축을 조절한다. 십자드라이버로 조작하는 나사가 기본으로 설치되어 있지만, 어두운 관측지에서 드라이버를 가지고 광축을 맞추는 것이 쉽지 않기 때문에 손으로 광축을 조절할 수 있도록 도와주는 밥스 노브(Bob's knob)라는 액세서리를 장착한 모습이다.

하고 있기 때문에 광축에 그리 민감하지 않은 것도 사실이다. 하지만 주경의 광축이 심하게 틀어졌다면? 망원경을 분해해야 할지도 모른다.

부경은 주경에서 모은 빛을 뒤로 반사시켜줄 뿐만 아니라 초점거리를 늘리는 효과가 있다. SCT의 초점거리가 긴 이유는 이 부경 때문이다.

셀레스트론의 EDGE HD 계열 혹은 부경 쪽에 Fastar 로고가 새겨져 있는 SCT의 경우에는 부경을 쉽게 분리할 수 있게 되어 있으며, 이곳에 특수 렌즈(하이퍼스타)를 설치하면 아주 작은 구경비를 가진 천체사진 전용 렌즈로 변신한다.

1-43 보정판에서 분리한 부경의 모습

부경에서 반사된 빛은 중심에 있는 구멍을 통해 경통 밖으로 나오게 된다. 이 구멍

1-44 부경을 제거한 자리에 하이퍼스타와 냉각 CCD 카메라를 장착한 모습

1-45 SCT의 뒷면. 가운데 구멍이 접안부, 오른쪽에 있는 손잡이가 초점 조절나사다. 왼쪽 위아래로 있는 검은색 손잡이(미러락)로 거울의 위치를 고정한다.

부분에 나사가 파여져 있어 비주얼 백(Visual Back), SCT 전용 천정미러, 카메라 어댑터 등 다양한 SCT용 액세서리를 장착할 수 있다.

셀레스트론 EDGE HD 기종의 경우 뒷면의 모습은 사진 1-45와 같으며, 오른쪽에 있는 나사를 돌려 초점을 잡은 뒤 왼쪽에 있는 두 개의 나사를 시계 방향으로 돌려서 주경을 고정하면 사진촬영을 위해 장시간 노출을 주어도 미러 시프트가 일어나지 않는다.

SCT로 안시관측을 하기 위해서는 천정미러나 아이피스를 장착해야 하는데, 셀레스트론이나 미드의 SCT에는 비주얼 백이라는 원통형 부품을 먼저 장착해야 한다. 셀레스트론 EDGE HD 제품의 경우 8인치급 SCT에는 1.25인치 규격의 비주얼 백이 제공되며, 8인치보다 큰 제품의 경우 2인치 비주얼 백이 제공되는데, 8인치 SCT를 구입했더라도 기본 비주얼 백을 2인치 규격으로 교체하는 것이 편리하다. 아이피스 중에 초점거리 30mm~ 40mm대의 저배율, 광시야 접안렌즈들은 대부분 2인치 규격으로 나오기 때문에 1.25인치 비주얼 백을 사용할 경우 망원경의 긴 초점거리로 인해 저배율 관측이 어렵기 때문이다.

1-46 기본으로 제공되는 1.25인치 비주얼 백(동그라미 부분)

1-47 별도로 추가한 2인치 비주얼 백(동그라미 부분)

## SCT의 특징을 정리하면 다음과 같다.

- 구경에 비해 초점거리가 길다.
- 초점거리가 길기 때문에 배율을 높이기가 쉽지만, 저배율 관측을 위해서는 2인치급 아이피스를 구입해야 한다(2인치 아이피스는 동급의 1.25인치 대비 조금 비싸다).
- 구경 및 초점거리 대비 경통 길이가 짧아 보관 및 이동이 용이하다.
- 초점거리가 긴 만큼 행성 및 달 표면 촬영이 편리하다. 게다가 구경도 넉넉하다.
- 초점거리가 긴 대신 F수가 높아지기 때문에 딥스카이 촬영에는 불리하다.
- 하지만 리듀서라는 액세서리를 장착하면 F수를 줄일 수 있고, Fastar기능을 지원하는 SCT의 경우 Hyperstar라는 액세서리를 장착하면 F2짜리 사진 렌즈로 활용할 수 있다.
- 뉴턴식 반사망원경보다 광축 맞추기가 수월하다. 하지만 부경의 중심이 광축에서 벗어나 있거나 주경의 광축이 심하게 틀어지면 사용자가 손대기 힘들다.
- 부경에 의해서 주경의 일부가 가려지는 구경차폐가 있기 때문에 콘트라스트가 조금 떨어진다(하지만 실제로 콘트라스트 저하를 느끼기는 어렵다).
- 경통이 막혀 있는 구조라 일반적인 반사망원경에 비해 냉각 시간이 조금 오래 걸린다.

## 막스토프 카세그레인 망원경(Maksutov Cassegrain Telescope)

막스토프 카세그레인 망원경(이하 막스토프)은 SCT와 비슷한 구조를 가지고 있지만 보정판에 있어서 큰 차이가 있다. SCT는 특이한 굴곡을 가진 얇은 보정판을 이용하여 구면수차를 보정하지만, 막스토프는 두꺼우면서도 굴곡이 깊은 네거티브 메니스커스 렌즈 형태의 보정판을 사용한다. 이 원리는 러시아의 광학자인 드미트리 막스토프(Dmitri Maksutov, 1896 - 1964)가 구조가 복잡한 슈미트 보정판을 대신할 수 있는 방법을 연구하다가 1941년에 발명했다.

보정판의 구조가 간단하다는 장점이 있지만 심하게 움푹 패여 있기 때문에 두꺼운 유리를 이용해 보정판을 만들어야 한다. 두꺼운 보정판의 가공 및 무게로 인해 대구경의 아마추어용 막스토프는 찾아보기 힘들다. 두꺼운 보정판으로 인해 전체적인 냉각시간이 길어질 수밖에 없다는 단점이 있지만, 색수차와 코마수차, 구면수차가 거의 없기 때문에 잘 만든 막스토프의 경우 고급 굴절망원경에 준하는 화질을 얻을 수 있다. 단, 이런 제품은 가격이 매우 높다.

SCT의 경우 보정판에 부경셀이 고정되어 있고 여기에 부경이 부착되어 있는 시스

1-48 렌즈의 형태에 따른 분류. 왼쪽부터 바이컨벡스(Biconvex), 플라노 컨벡스(Plano convex), 포지티브 메니스커스(Positive meniscus), 네거티브 메니스커스(Negative meniscus), 플라노 컨케이브(Plano concave), 바이컨케이브(Biconcave)

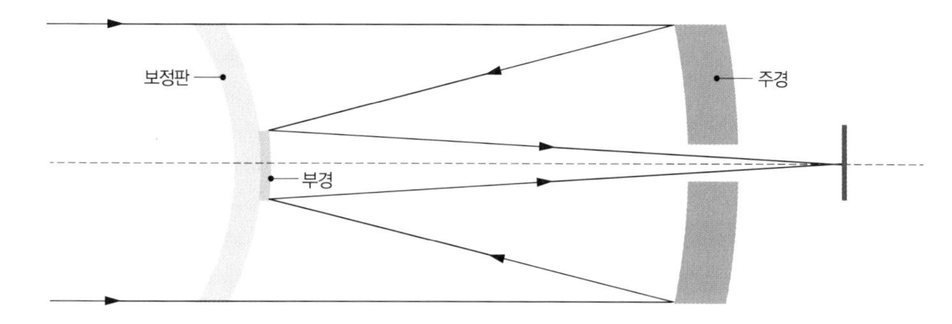


1-49 그레고리 막스토프 카세그레인의 구조

템인 데 반해 막스토프의 경우 SCT와 같은 스타일의 설계(루텐 막스토프 카세그레인, 줄여서 루막Rumak이라고 한다)도 가능하며, 부경을 별도로 설치하는 대신 보정판의 중심에 금속 코팅을 하여 부경으로 활용하는 구조도 가능하다. 이를 그레고리 막스코프 카세그레인이라고 한다. 우리가 흔히 볼 수 있는 스타일은 그레고리식이다.

루막의 경우 부경과 보정판을 각각 설계할 수 있기 때문에 고화질을 내는 데 유리하고 그레고리식의 경우는 보정판의 모양이 그대로 부경에 적용되기 때문에 설계를 유연하게 할 수는 없지만 값싸게 제작할 수 있다는 장점이 있다. 실제 중국산이나 대중적인 브랜드의 막스토프의 경우 그레고리식을 채용하고 있다.

1-50 60mm 굴절망원경과 90mm 막스토프 망원경의 크기 비교. 구경은 굴절이 작고 전체적인 길이는 비슷하지만 실제로 초점거리에는 큰 차이가 있다. 사진의 굴절망원경의 초점거리는 355mm임에 비해 90mm 막스토프는 1250mm나 된다. 하지만 경통 길이의 큰 차이는 없다. 즉, 막스토프는 초점거리에 비해 매우 콤팩트하다.

막스토프는 대체로 F수가 매우 커서 F12 이상인 경우가 많다. 구경 대비 초점거리가 길다는 뜻이다. 초점거리가 긴 만큼 쉽게 배율을 높일 수 있으며, 달이나 행성, 이중성 관측에 적당하다고 할 수 있다. 반면 구경의 한계와 긴 초점거리로 인해 딥스카이 천체의 안시관측이나 사진에는 어울리지 않는다. 하지만 경통 길이가 짧고 대부분 소구경 제품이기 때문에 콤팩트한 구조를 가지고 있어 이동이 편리하며, 별도의 광축 조절 기구가 없기 때문에 광축 스트레스를 받을 필요가 없다.

#### 막스토프 카세그레인의 실제 구조

실제 막스토프 카세그레인 망원경의 구조를 살펴보도록 하자. 이번에는 셀레스트론사의 90mm 막스토프를 기준으로 설명한다.

우리가 쉽게 구할 수 있는 가격대의 막스토프는 외관에서 보이는 구조가 매우 단순하다. 사진 1-51과 같이 망원경의 전면에는 심하게 구부러진 보정판이 부착되어 있고, 보정판의 한가운데에 거울이 있는 것을 알 수 있는데, 실제로 보정판의 일부에 금속 코팅을 한 것으로 이것이 부경의 역할을 한다. 막스토프 카세그레인의 뒷모습은 SCT와 매우 흡사하다. 포커싱 노브와 아이피스를 꼽을 수 있는 접안부가 있다.

1-51 막스토프 보정판의 모습. 중앙에 거울이 있는 것이 그레고리 막스토프 카세그레인의 특징이다.

1-52 막스토프의 뒷면. SCT와 유사한 구성으로 되어 있다.

막스토프의 특징을 정리하면 다음과 같다.

- 구경에 비해 초점거리가 길다.
  - 구경 및 초점거리 대비 경통 길이가 짧아 보관 및 이동이 용이하다.
  - 초점거리가 긴 만큼 행성 및 달 표면 관측 시 유리하다.
  - 딥스카이 촬영에는 매우 불리하다.
- 대체로 광축에는 신경 쓸 필요가 없는 구조로 되어 있다.
- 부경에 의해 주경의 일부가 가려지는 구경차폐가 있기 때문에 콘트라스트가 조금 떨어진다.
- 경통이 막혀 있고 보정판이 두꺼운 구조라 일반적인 반사망원경에 비해 냉각시간이 오래 걸린다.
- 대구경 제품은 찾아보기 어렵다.

## 기타 카타디옵트릭 망원경

위에서 소개한 두 가지 대표적인 카타디옵트릭 망원경 외에도 여러가지 형태의 카타디옵트릭 망원경이 존재한다. 그중에서도 아마추어 망원경 시장에서 구할 수 있는

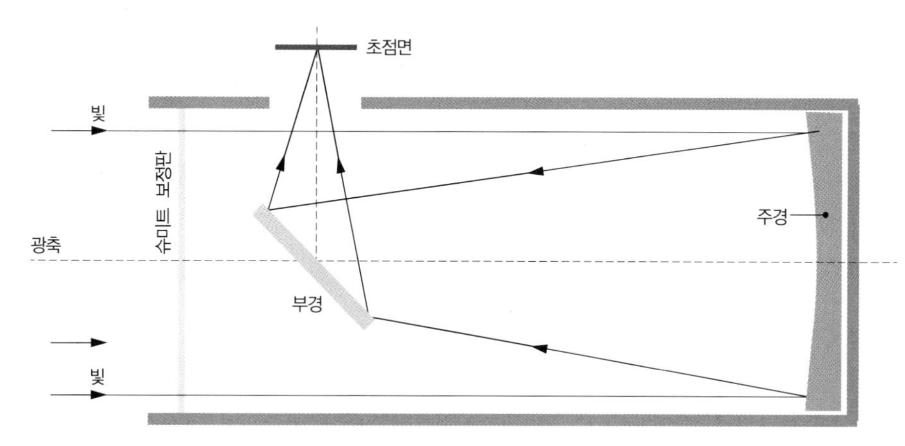


1-53 슈미트 뉴토니언 망원경의 구조

것은 슈미트 뉴토니언과 막스토프 뉴토니언이다. 슈미트 뉴토니언은 뉴턴식 반사망원경에 슈미트 보정판을 장착한 구조를 가지고 있다. 일반적인 뉴턴식 반사망원경이 포물면 주경을 사용하는 것에 비해 슈미트 뉴토니언은 구면경을 사용한다.

1-54 예전에 필자가 잠시 사용하던 미드 사의 SN10 슈미트 뉴토니언의 모습. 당시로서는 비교적 저렴한 가격에 10인치 대구경을 이용할 수 있었다.

막스토프 뉴토니언도 슈미트 뉴토니언과 마찬가지로 뉴턴식 반사망원경의 전면에 막스토프 보정판을 장착했다. 이 두 망원경 모두 인기도 별로 없고 생산하는 회사도 몇 군데 되지 않는다. 이론적으로 우수한 광학계임에는 분명하지만 일반적인 뉴턴식 망원경에 비해 큰 장점이 보이지 않는다. 또한 보정판 때문에 이슬에 취약하다. 필자가 과거에 10인치 슈미트 뉴토니언을 보유한 적이 있었는데, 일반적인 뉴턴식 반사망원경보다 무겁고, 보정판에 이슬이 잘 발생하며, 기계적인 부분의 만듦새가 너무나 부실해서 얼마 지나지 않아 처분했다.

지금까지 광학적인 구조에 따른 다양한 종류의 망원경에 대해 살펴보았다. 참고도서 중의 하나인 『Telescope optics』(Rutten & van Venrooij)에 의하면, 세상에는 망원경의 형식이 수천 가지 존재한다고 한다. 그 수많은 종류의 망원경 중에서 겨우 몇 가지를 소개했을 뿐이지만, 1장에서 소개한 망원경 형식만 기억하고 있다면 아마추어 천문가로서 밤하늘을 즐기기에는 충분할 것이다.

▶ 망원경의 특장점 비교표

| 구 분 | 구경 대비 가격 | 유지보수 난이도 | 주요 용도 |
|---|---|---|---|
| 아크로매트 굴절 | 중 | 낮음 | 다용도 |
| 아포크로매트 굴절 | 최상 | 낮음 | 딥스카이 사진, 행성 및 달 관찰 |
| 뉴턴식 반사망원경 | 하 | 높음 | 다용도 |
| 돕소니언 | 하 | 높음 | 딥스카이 안시관측 |
| 카세그레인 계열 | 상 | 높음 | 딥스카이 사진, 행성 및 달 관찰 |
| SCT | 중 | 중간 | 딥스카이 안시관측, 행성 및 달 사진 |
| 막스토프 | 중 | 낮음 | 행성 및 달 관찰 |

CHAPTER 2

# 가대와 삼각대

## 가대

천체관측 시 원하는 별을 보고자 한다면 당연히 망원경을 그 별이 있는 방향으로 움직여야 한다. 또한 별이 그 자리에 있는 것이 아니라 지구 자전에 의해 계속 움직이기 때문에 이 움직임에 맞춰 망원경을 조금씩 움직일 수 있어야 한다. 이런 역할을 하는 장치를 가대(架臺, Mount)라고 한다. 가대는 경위대(Alt-Azimuth mount)와 적도의(Equatorial mount)의 두 가지로 나눌 수 있다.

경위대는 움직임이 단순하여 위/아래(고도) 방향과 오른쪽/왼쪽(방위각) 방향으로밖에 움직이지 않는다. 따라서 움직임을 쉽게 파악할 수 있고 직관적이다. 반면 적도의는 설명하려면 조금 복잡하다. 적도의를 보다 쉽게 이해하기 위해서는 밤하늘의 위치를 표시하는 방법인 좌표계에 대해 먼저 공부할 필요가 있다.

가대의 쌍두마차인 적도의(2-1)와 경위대(2-2)

## 지평좌표계와 적도좌표계

어쩐지 그리움이 느껴지지만 아주 좋은 추억으로 남은 이름은 아닌 듯싶다. 누군가

에겐 학창 시절을 괴롭게 만든 존재였을지도 모르니 말이다. 지평좌표계와 적도좌표계의 개념은 고등학교 지구과학 과목에 나온다. 졸업한 지 오래된 독자들이라도 아마 이름은 기억이 날 것이다. 좌표계를 설명하기 전에 일단 이런 주장을 해야겠다.

## "하늘은 둥글다!"

지동설을 배운 21세기의 사람들에게 하늘이 둥글다고 하면 조금 이상하게 느껴질 수 있지만, 밤하늘을 가만히 바라보면 확실히 둥글게 느껴진다. 고대 이집트인들이 왜 밤의 여신이 대지를 감싸안고 있는 것으로 상상을 했는지 이해가 간다. 이 둥근 하늘, 즉 천구(天球)가 우리가 살고 있는 땅을 둘러싸고 있으며, 시간의 흐름에 따라 별과 달이 동쪽에서 뜨고 서쪽으로 진다. 우리가 흔히 동에서 떠서 서로 진다고 말하지만

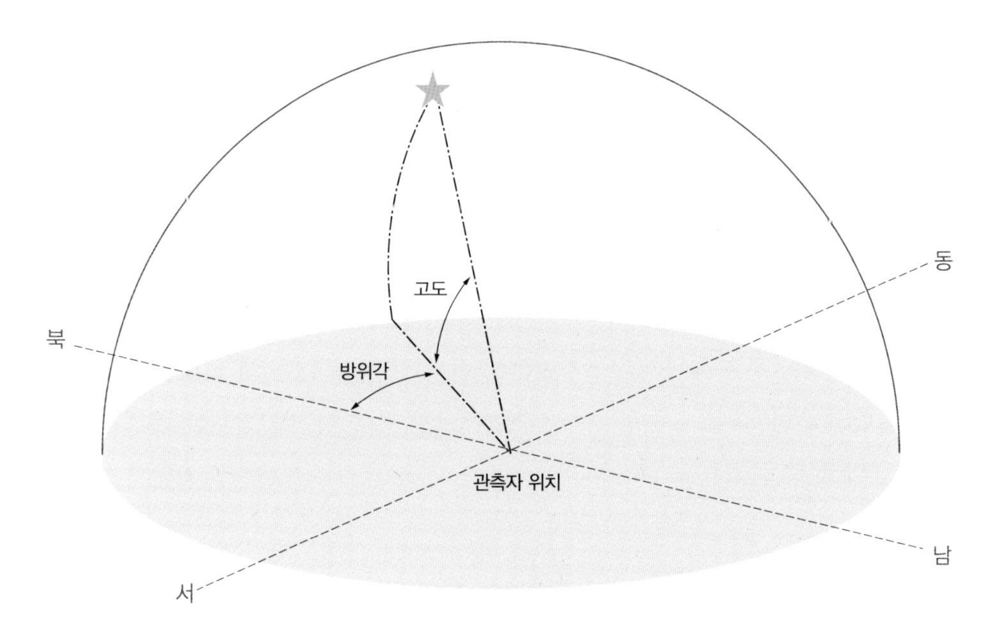


2-3 정북에서 시계 방향으로 떨어진 각도를 방위각, 지평선으로부터 수직으로 올라가 있는 정도를 고도라고 한다.

사실은 해와 달, 별의 모든 천체가 천구의 북극을 중심으로 반시계 방향으로 회전한다고 보는 것이 더 사실적인 표현일 것이다. 별들이 회전하다 보면 지평선 아래로 들어갔다가 어느 순간 다시 위로 올라오는데, 이것이 별이 지고 뜨는 것으로 보인다.

지평좌표계는 지평선으로부터의 높이를 각도로 표시한 고도와 북쪽에서 시계 방향으로 얼마나 돌아갔는지를 각도로 표시한 방위각으로 별의 위치를 표시한다. 예를 들어 지금 보고 있는 별의 고도는 30도 25분, 방위각은 45도 식으로 표현한다. 쉽지만 문제가 있다.

예를 들어 서울에 있는 관측자에게 어떤 별의 고도가 A, 방위각이 B일 때, 같은 시각 제주도에 있는 관측자에게 그 별의 고도와 방위각은 A와 B가 아니다. 또한 시간이 지남에 따라 그 별의 좌표가 계속 변하기 때문에 정밀함과 객관성을 요하는 경우에는 사용할 수 없다는 단점이 있다. 하지만 "오늘 밤 8시쯤 서쪽 하늘 지평선에서 조금 높은 곳에서 수성을 볼 수 있습니다"와 같이 천문 현상 소개 글에서 대략적인 위치를 표현할 때는 지평좌표계를 사용하는 것이 편리하다.

천구상에서 행성들이 지나는 길을 황도(黃道)라고 한다. 이는 지구의 공전면이 천구와 만나며 이루는 선이기도 하다. 지구의 적도면을 쭉 늘렸다고 상상했을 때 이것이 천구에 닿아서 생기는 선을 천구의 적도라고 한다. 지구의 자전축은 공전면에서 조금 기울어져(약 23도 27분) 있기 때문에 황도와 천구의 적도는 일치하지 않는다. 이 두 개의 선은 천구상의 두 지점에서 만나게 되는데, 이를 각각 춘분점과 추분점이라고 부른다. 이 두 개의 점 중에서 춘분점으로부터 별이 천구의 적도면과 평행한 방향으로 얼마나 떨어져 있는지를 측정한 각도를 **적경**이라고 하며, 단위를 각도가 아닌 시간으로 표시한다. 15도 각도는 1시간(h)에 해당하며, 이보다 작은 단위는 분(m), 초(s)로 표시한다.

천구의 적도에서 북극 혹은 남극 방향으로 떨어진 각도는 **적위**라고 하며, 도(°), 분(′), 초(″) 단위로 표기한다. 천구의 북반구에 있는 천체는 + 기호를, 남반구에 있는

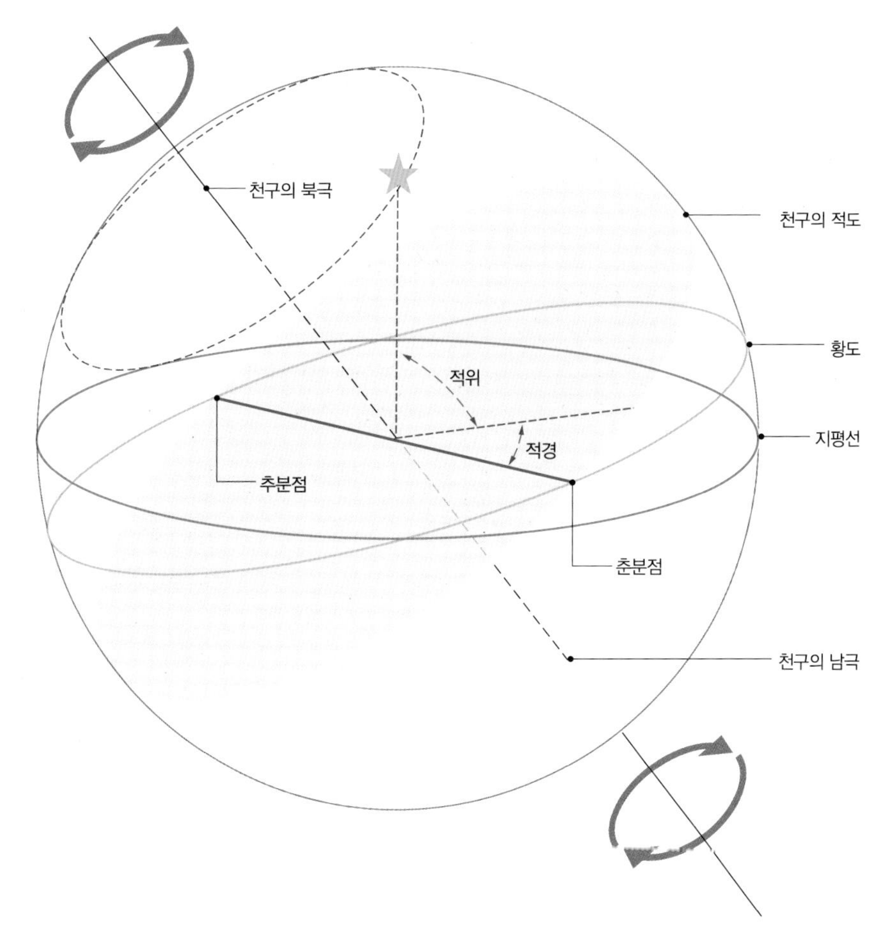


2-4 춘분점에서 천구의 적도를 따라 떨어진 각도를 적경, 천구의 적도로부터 수직으로 떨어진 각도를 적위라고 한다. 밖에 나가서 별이 움직이는 것을 관찰해보면 어려워 보이는 이 개념을 쉽게 이해할 수 있을 것이다.

천체는 – 기호를 붙인다. 예를 들어 우리가 볼 수 있는 가장 밝은 항성인 큰개자리의 α성 시리우스(Sirius)의 좌표는 적경 6h 45m 9s, 적위 -16° 42′ 58″가 된다. 적도좌표계는 천구가 기준이기 때문에 관측자의 위치나 시간과 상관없이 좌표를 표시할 수 있다는 장점이 있다. 천체의 위치를 표기할 때는 대부분 적도좌표계를 사용한다.

그렇다면 위의 천구 그림의 중심점에 들어가서 밤하늘을 쳐다보면 과연 별들은 어

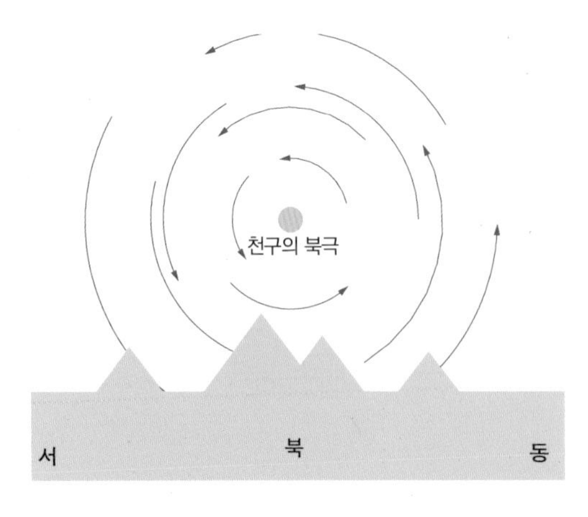

2-5 북반구의 하늘에서 별은 천구의 중심으로 회전한다.

떤 식으로 움직일까? 일단 북쪽 하늘을 보면 길잡이 별인 북극성이 눈에 띌 것이다. 그리고 북극성 바로 주변에 있는 천구의 북극을 중심으로 별들이 동쪽에서 떠올라 반시계 방향으로 회전하는 것과 한 시간에 15도 움직이는 것을 관찰할 수 있을 것이다.

남쪽 하늘을 보면, 적도 부근에 있는 별은 천구의 적도와 거의 평행하게 움직인다. 이렇게 움직이는 별을 배율이 높은 망원경으로 보면 어떻게 보일까? 눈으로 보면 거의 가만히 있는 것처럼 느껴지지만, 별이 움직이는 속도는 생각보다 빨라서 망원경으로 보면 시야 안에서 별이 빠르게 지나간다. 배율이 높으면 높을수록 더 빨리 지나가는 것처럼 느껴진다. 따라서 내가 보고자 하는 별을 시야의 가운데에 놓고 오랫동안 자세히 보고자 한다면 망원경이 별의 움직임을 따라가도록 할 필요가 있다. 이를 트래킹(Tracking)이라고 한다.

그렇다면 망원경의 방향이 별을 따라가도록 하려면 어떻게 해야 할까?

일단 경위대의 경우를 살펴보자. 경위대는 단순하게 상하좌우 방향으로만 망원경을 움직일 수 있으므로, 곡선을 그리며 움직이는 별을 추적하기 위해서는 상하축 및 좌우축을 동시에 움직여야 한다. 일반적으로 안시관측 시에는 원하는 대상이 시야의 한쪽에 오도록 하고 시야의 안쪽을 별이 가로질러가는 동안 관측을 하며, 관측 대상이 시야의 바깥쪽으로 벗어나려고 하면 두 개의 축을 움직여 또다시 시야 범위의 한쪽에 관측 대상이 위치하도록 한다. 하지만 배율이 높을수록 별이 시야 안에서 움직이는 속도가 빠르기 때문에 이 과정을 자주 해줘야 하며, 돕소니언 망원경과 같이 기본적으로 경위대이면서도 천천히 움직이게 하는 미동장치가 없는 경우에는 손의 감각에 의존해 망원경을 조금씩 움직여야 한다는 불편함이 있다(물론 잘 만든 돕소니언이라면 금방 익숙해진다). 하지만 미동장치가 없는 저가형 경위대의 경우 망원경이 향하는 방향을 미세하게 조작할 수 없고, 특히 진동에 약한 제품의 경우 망원경의 방향을 조금씩 바꾸려 하다 보면 흔들림 때문에 제대로 볼 수가 없다. 또 흔들림이 멈추기를 기다리는 동안 별은 아이피스 안에서 벌써 지나가버리기 때문에 스트레스를 많이 받는다.

컴퓨터가 탑재되어 원하는 대상을 자동으로 찾아주는 GOTO('고투'라고 읽는다) 기능을 탑재한 경위대의 경우, 망원경이 현재 어디를 향하고 있는지를 경위대와 연결되어 있는 컨트롤러에 알려주는 얼라인(Align) 과정을 거치게 되면 자동으로 트래킹이 되기 때문에 매우 편리하다. 하지만 트래킹이 되는 경위대라 하더라도 문제가 있다. 안시관측 시에는 편안하게 별을 볼 수 있지만, 사진을 찍을 때는 별의 일주에 맞춰 망원경이 둥글게 회전하며 움직이는 것이 아니라 수직, 수평 방향으로만 움직이기 때문에 사진의 중심에 있는 별은 점으로 촬영되지만 가장자리에 있는 별은 마치 사진을 중심으로 회전하는 것처럼 나오게 된다. 현대의 대형 천문대도 경위대를 사용하는

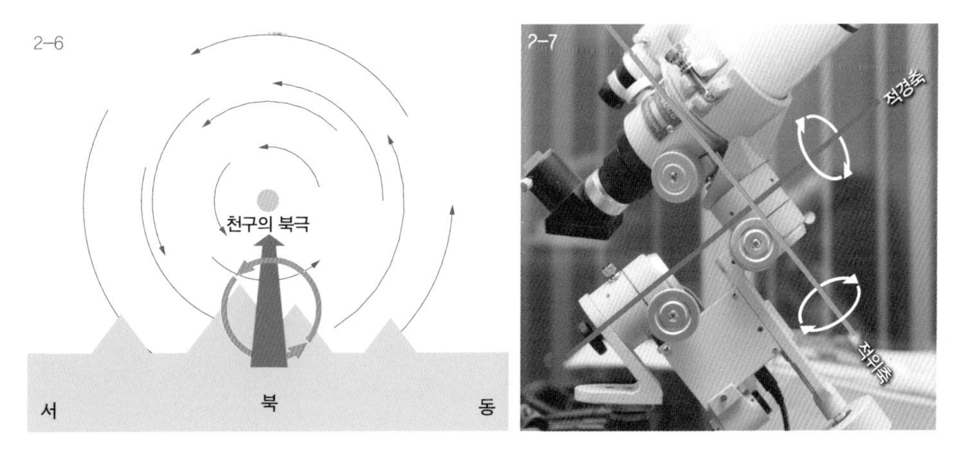


천구의 북극을 향하는 가상의 축을 별의 일주운동과 동일한 속도로 회전시키는 것이 적도의의 기본 원리이다. 이 가상의 축을 적위축이라고 한다. 적위축 위에 망원경을 얹어 회전시키면 망원경은 천구상에서 한 방향만 보고 있게 된다.

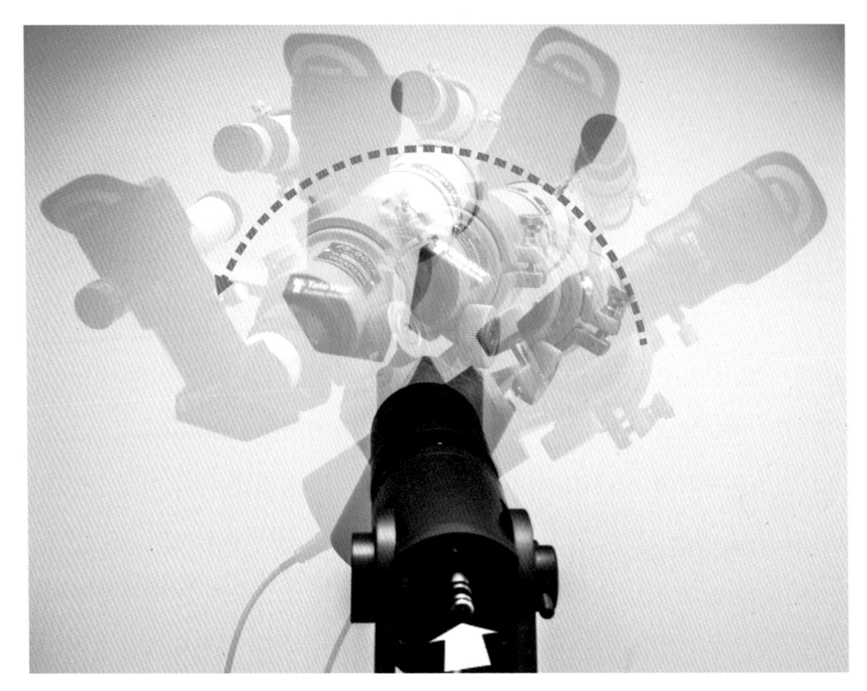

2-8 실제 적도의가 움직이는 모습. 천구의 북극을 향하고 있는 적경축(흰색 화살표)을 회전시키면 망원경이 별의 움직임(화살표)을 쫓아간다.

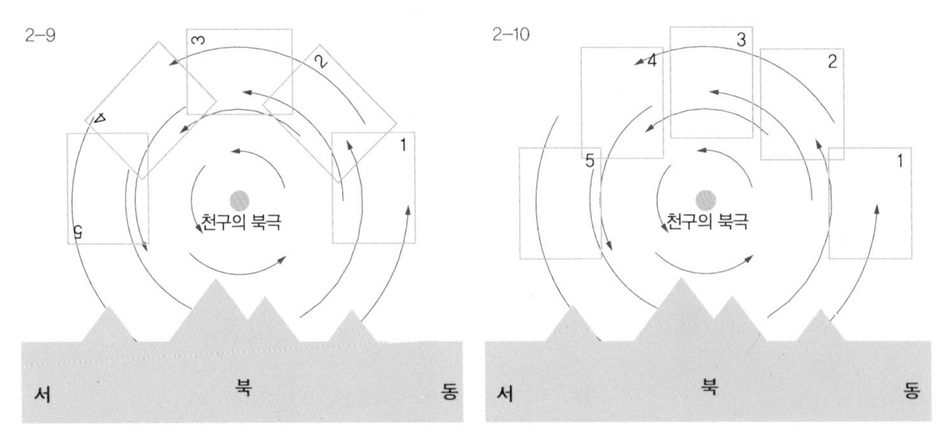


적도의로 사진을 찍을 경우 카메라의 방향이 일주운동에 맞춰 왼쪽 그림의 1에서 5의 순서로 자연스럽게 회전하지만, 경위대를 사용할 경우 오른쪽 그림과 같이 카메라가 회전하지 않는다. 따라서 사진 중심부에 있는 별은 점으로 표현되지만 주변부로 갈수록 별이 회전한 형상으로 나타나게 된다.

데, 여기에서는 카메라를 적당한 속도로 회전시키는 필드 로테이터(Field-rotator 혹은 필드 디로테이터(Field de-rotator)라고도 한다)라는 장치를 사용해 이런 현상이 발생하는 것을 막아준다. 아마추어용 필드 로테이터도 나와 있지만 가격이 비싸고 장비 운용이 쉽지 않아 거의 사용하지 않는다.

한편, 적도의는 경위대와 그 움직임이 다르다. 그림 2-6과 같이 24시간에 한 바퀴 회전하는 축이 있다고 생각해보자. 이 축 위에 망원경을 올려서 별을 관찰하면 그 망원경의 시야 안에 있는 별은 일주운동에 의해 움직이더라도 망원경이 같이 움직이기 때문에 시야 밖으로 벗어나지 않을 것이다. 이것이 적도의의 원리이다. 천구의 극을 향하는 축을 적경축(RA axis)이라고 한다. 적경축만 일정한 속도로 회전시켜주면 고배율로 관측하더라도 관측 대상이 가만히 있는 것처럼 보이게 된다. 적경축을 일정한 속도로 돌려주는 역할을 사람이 할 수도 있지만, 아무래도 적도의를 제대로 사용하기 위해서는 모터가 장착되어 자동으로 돌려주는 것이 편리하며 그 사용 목적에 제대로 부합한다고 할 수 있다.

적도의도 형태에 따라 몇 가지가 있지만 아마추어용으로 가장 많이 사용되는 것은 독일식 적도의이며, 가끔은 포크식 적도의도 볼 수 있다. 독일식 적도의는 적경축 위에 적위축이 위치해 있고 그 위에 망원경을 얹으며, 망원경의 무게를 상쇄시키기 위해 망원경의 반대쪽에 무게추를 장착하는 구조로 되어 있다. 초저가 수동식 적도의가 아닌 이상 최소한 적경축에 모터가 장착되어 있어 별을 트래킹하는 것이 가능하다. 최근에 나온 웬만한 성능의 적도의라면 거의 GOTO 기능이 탑재되어 있다.

무거운 적도의를 모터로 구동하기 위해서는 모터의 속도를 힘으로 변환시킬 필요가 있다. 이 역할을 웜기어와 휠기어가 한다.

모터와 직접 혹은 다른 톱니바퀴를 통해 연결되어 있는 웜기어가 한 바퀴 회전하면

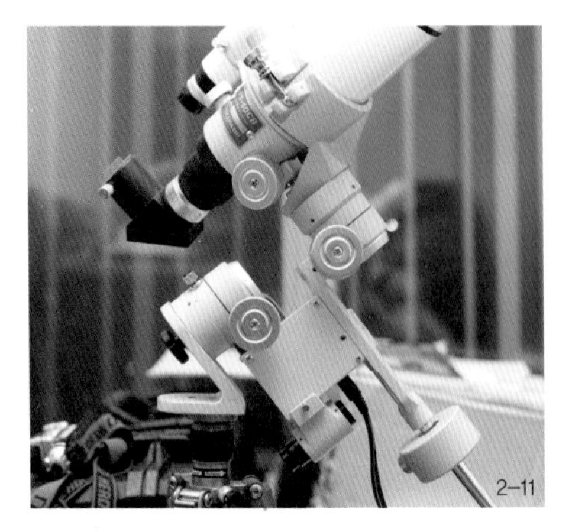


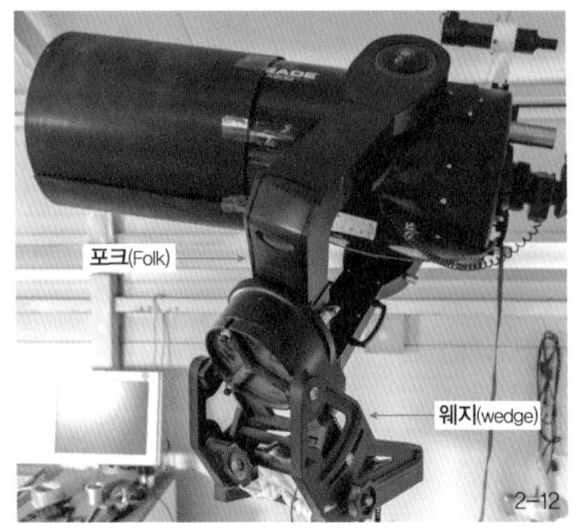


독일식 적도의(2-11)와 포크식 적도의(2-12). 포크식 적도의는 독일식 적도의에 비해 진동이 많고 포크와 경통 일체식이라 혼자서 설치하는 것이 거의 불가능하다.

적경축 혹은 적위축에 연결되어 있는 휠기어의 이빨이 한 칸만 움직이기 때문에 휠기어를 아주 천천히 회전시킬 수 있게 된다.

이 웜기어와 휠기어의 조합이 일반적이긴 하지만 여기서 두 가지 문제가 발생한다. 첫번째는 주기오차의 발생이다. 웜기어를 아무리 정밀하게 가공했다 하더라도 약간의 오차가 있기 때문에 웜기어가 회전할 때 휠기어가 일정한 속도로 돌아가는 것이 아니라 주기적으로 조금씩 빨라졌다 느려지는 주기오차가 발생한다. 주기오차가 눈에 띌 정도로 빠르게 나타나는 것이 아니기 때문에 초고배율로 행성을 관측하는 경우를 제외하고는 큰 문제가 되지는 않지만, 사진촬영을 할 경우에는 이로 인해 별이 조금 길쭉한 모양으로 나타나기 때문에 이를 줄일 필요가 있다.

주기오차를 줄이는 방법 중의 하나는 적도의의 기계정밀도를 향상시키는 것이다. 웜기어와 휠기어를 보다 정밀하게 가공하고 톱니 사이의 여유 공간인 유격을 잘 조절해줌으로써 상당히 줄일 수 있다. 하지만 정밀한 적도의일수록 가격이 올라간다. 기존의 웜, 휠기어를 사용하는 대신에 아예 기어가 없는 롤러 형식을 사용하는 것과 같이 다른 설계를 할 수도 있지만, 우리가 쉽게 구입할 수 있는 괜찮은 가격의 양산 제품에는 거의 해당사항이 없다.

두 번째는 적도의에 전자제어 장치를 이용하는 것이다. 적도의에 따라 주기오차를 제어해주는 PEC(Periodic Error Control) 기능이 탑재되어 있는 경우가 있다. PEC는 사용자가 망원경에 십자선 아이피스를 끼워넣고 별이 좌우로 움직이는 것을 리모컨을 이용하거나 오토가이더를 통해 보정하는 동안 어느 방향으로 얼마나 보정하는지를 적도의 컨트롤러가 학습하며, 학습이 완료된 후에는 이 보정값을 적용하여 컨트롤러가 모터를 빠르거나 느리게 구동하기 때문에 주기오차가 줄어들게 된다.

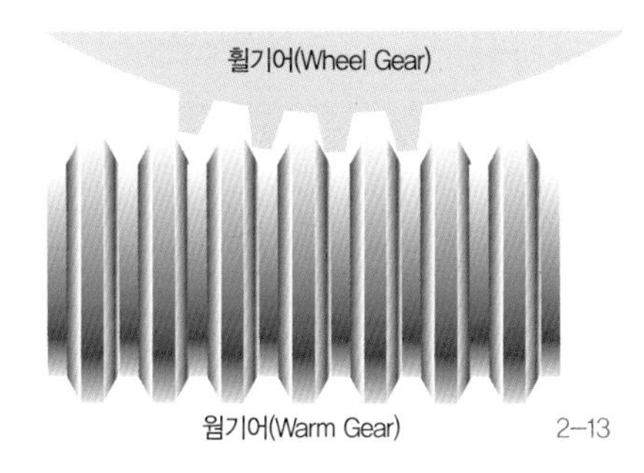

2-13

세 번째는 오토가이더를 이용하는 것이다. 오터가이더는 적도의가 제대로 작동하고 있는지 카메라를 이용하여 별의 움직임을 감시하고, 별의 위치에 변화가 생기면 적도의의 회전 속도를 빠르거나 느리게 조절하여 오차가 줄어들게 한다. 하지만 안시관측 시에는 사용하지 않는다.

두 번째로 백래시(Backlash)의 문세가 있다. 적도의를 흔들어보면 단단히 있는 것이 아니라 아주 미세하게 덜그럭거린다. 기어의 이빨이 서로 꽉 물려 있는 것이 아니라 아주 약간의 간격을 두고 있기 때문이다. 꽉 물려 있으면 기어가 제대로 움직일 수 없을 뿐 아니라 기어가 손상될 수도 있기 때문에 어느 정도 유격을 두게 된다. 때문에 적도의를 가동하다 필요에 따라 회전 방향을 반대로 할 경우, 즉각적으로 휠기어가 반대로 돌기 시작하는 것이 아니라 이빨끼리 새로 닿기 위해 조금 뜸을 들이게 되며, 이 시간이 길어질수록 각종 오차의 보정이 즉각적이지 않아 사진에 나쁜 영향을 준다.

사진촬영 시 적경축은 한쪽 방향으로 움직이면서 속도만 조절하는 식이기 때문에 백래시의 영향이 거의 없지만, 양쪽 방향으로 움직이는 적위축은 백래시의 영향을 많

2-14 국산 하모닉 적도의 CRUX 170HD의 모습. 기존의 독일식 적도의와는 다르게 무게추 없이 망원경을 탑재할 수 있다.

이 받게 된다. 백래시의 정도는 기어의 정밀도, 기어 사이의 유격 조정, 윤활유의 종류 및 상태, 계절에 따른 온도 등이 영향을 주게 되는데, 고급 적도의일수록 기어의 정밀도가 높은 것은 물론 필요에 따라 사용자가 유격 조정을 쉽게 할 수 있는 구조로 되어 있다. 모터와 웜기어를 연결하는 두 개의 톱니바퀴 사이에서 백래시가 많이 발생하는데, 일부 적도의에서는 이 기어를 제거하고 벨트 구동 방식으로 업그레이드를 해주면 성능이 많이 향상된다.

최근에는 웜기어와 휠기어 대신 로봇 팔 등에 사용되는 하모닉 기어(Harmonic Gear)를 사용하는 적도의가 등장하고 있다. 게다가 국내에서 제조하고 있는 업체가 두 곳이나 있다. 하모닉 기어는 백래시가 거의 없기 때문에 모터가 한쪽으로 돌다가 회전 방향이 바뀌더라도 반응이 즉각적으로 나타난다.

따라서 오토가이더를 사용할 경우 가이드 정밀도 향상을 기대할 수 있으며, 그 특성상 적도의의 구조를 심플하게 만들 수 있고, 토크(회전력)가 크기 때문에 무게추 없이도 사용이 가능하여 적도의의 전반적인 무게를 대폭 줄일 수 있다. 하지만 하모닉 기어의 가격이 매우 비싸기 때문에 이러한 적도의의 가격은 탑재 중량 대비 웜기어 방식의 적도의에 비해 높을 수밖에 없다.

## 극축 망원경

적도의의 적경축은 천구의 북극이나 남극을 정확히 조준하고 있어야 한다. 이를 위해 적도의에는 극축 망원경(이하 극망)이라는 작은 망원경이 탑재되어 있으며, 극망 안쪽에는 여러가지 눈금이 있어 관측 장소의 위도, 날짜와 시간 등을 이용하여 적경축이 정확한 지점을 향하도록 도움을 준다. 어떤 브랜드의 극망이냐에 따라 조금씩 차이는 있지만 일반적으로 외부에는 관측자의 위치, 날짜, 시간을 설정하기 위한 눈금이 있으며, 안쪽에는 천구의 북극에 가까이 있는 별인 북극성을 넣기 위한 눈금이 새겨져 있고, 어두운 곳에서 눈금을 읽을 수 있도록 조명장치가 탑재되어 있다.

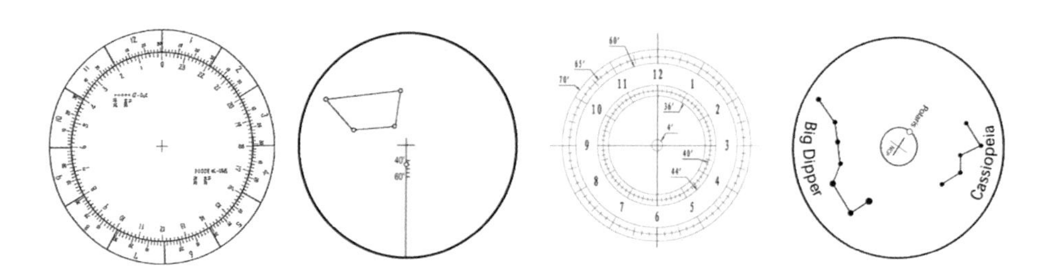


2-15 다양한 극축 망원경의 스케일. 왼쪽부터 타카하시 EM200용 극망, 빅센, i-optron, 스카이워처.

가끔 관측지에서 필자에게 극축 망원경 사용법을 물어보는 천문 팬들이 있다. 필자가 사용해본 적이 있는 제품이라면 당연히 설명해주지만 메이커마다, 적도의 기종마다 자세한 세팅 방법이 전부 다르기 때문에 현장에서 대답해주기 어려운 면이 있으며, 역시 같은 이유로 이 책에서 일일이 설명하기는 곤란하다. 메이커에서 제공하는 설명서에 그 답이 나와 있으니 반드시 최소한 3번 이상 읽어보도록 하자. 대부분의 제조사 홈페이지에서 매뉴얼을 찾을 수 있으며, 경우에 따라 국내 총판 등에서 제작한 한글 매뉴얼도 찾을 수 있다. 아무리 찾아도 나오지 않을 경우 구글에 검색하는 것

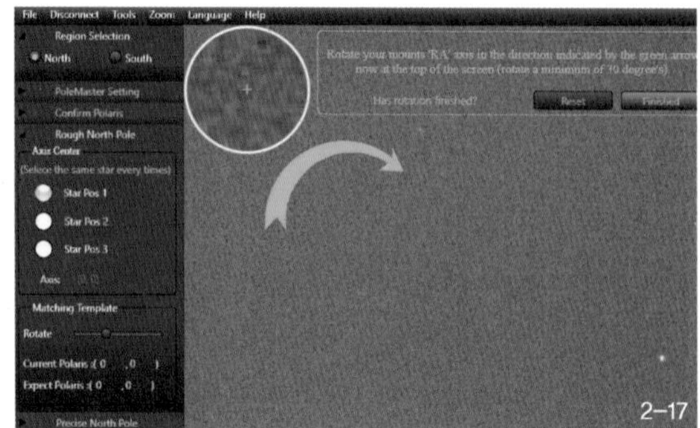


폴 마스터 본체(2-16)와 소프트웨어 화면(2-17). 아주 쉽고 정확하게 극축을 맞출 수 있다. 이것이 미래의 보편적인 극망의 모습이 아닐까?

이 편리하다. 초보의 경우 설명서의 용어를 이해하지 못하여 내용 파악이 잘 안 되는 경우도 있을 것이다. 이럴 땐 동호회나 망원경 구입처에 문의하는 것이 좋다. 혹시 구입처에서 응대를 제대로 해주지 않는다면, 다음부터는 그 집에서 구입하지 않는 것이 좋겠다. 극망이 없는 것보다 있는 쪽이 훨씬 정밀하게 극축을 맞출 수 있지만, 극망 자체도 약간씩 오차가 있을 수 있기 때문에 이를 이용해 극축을 정확히 맞췄다 해도 실제로는 조금씩 오차가 발생할 수 있다. 따라서 보다 정확한 극축 맞추기를 원할 경우 극축 망원경이 적도의의 적경축과 평행하게 정렬되어 있는지 가끔 점검할 필요가 있다(이 방법에 대해서도 각 제품별 설명서에 자세히 나와 있다).

얼마 전에는 중국의 천체사진용 카메라 메이커인 QHY에서 극축 맞추기 전용 카메라인 폴 마스터(Pole Master)를 출시하여 천문 팬들에게 좋은 반응을 얻고 있다. 폴 마스터가 북쪽을 향하도록 적도의에 설치한 후 작동시키면 카메라가 북극성과 주변 별의 위치, 그리고 적경축 회전시 화면상에서 별의 위치가 어떻게 변하는지 확인하여 고도와 방위각을 얼마나, 또 어떻게 수정해야 하는지 알려준다. PC 화면에서 지시하는 대로 적도의의 방향을 수정하기만 하면 쉽고 빠르면서도 정밀하게 극축을 맞출 수 있다.

폴 마스터 자체의 설치도 매우 간편할 뿐만 아니라, 괜찮은 극망과 비슷한 가격에 팔리고 있기 때문에 적도의의 극망을 옵션으로 선택할 수 있다면 극망 대신 폴 마스터를 사용하는 것도 좋다. 하지만 PC가 반드시 필요하기 때문에 가벼운 안시관측 시에는 짐이 하나 늘어 번거로울 수도 있지만, 천체사진을 찍는 경우라면 어차피 자동도입 및 카메라 제어를 위해 PC를 사용하게 되므로 큰 문제가 되지 않는다.

### 극망을 보면 아무것도 안 보여요

망원경을 세팅하고 극망을 들여다보았는데 아무것도 보이지 않는 경우가 있다. 대체로 세 가지 이유가 있다. 첫째는 극망 뚜껑을 열어놓지 않은 경우다. 당연히 명시야 조명의 붉은 조명과 눈금 이외에 별은 보이지 않는다. 둘째는 적위축에 극망이 가린 경우다. 극망의 뚜껑을 열고 이곳을 들여다보면서 적위축을 슬슬 돌려보면 적위축을 이루고 있는 봉에 구멍이 뚫려 있는 것을 볼 수 있다. 이 구멍을 통해 별빛이 극망으로 들어가게 되므로, 극축을 맞추기 전에 이 구멍이 어디로 향하고 있는지 확인해야 한다. 셋째는 적도의마다 조금 다르긴 하지만, 추봉이 적도의에 내장되어 있는 경우에는 이를 밖으로 빼놓아야 극망이 노출된다.

## 적도의의 실제 구조

이제 적도의의 실제 구조를 살펴보자.

적도의와 삼각대가 연결되는 부분을 보면 손으로 돌릴 수 있는 나사가 몇 개 장착되어 있다. 이 나사는 적도의의 극축을 조정할 때 적도의의 방위각(좌우 방향)과 고도(상하 방향)로 미세하게 움직일 수 있는 구조로 되어 있다.

그 위에는 적경축이 있으며, 적경축의 중심에는 극망이 위치하고 있다. 하모닉 기어를 사용하는 적도의의 경우 극망대신 폴 마스터를 장착할 수 있도록 설계되어 있다.

사진 2-18의 검은색 손잡이나 2-19의 은색 손잡이를 돌려 적도의 적경축의 방향을 정밀하게 조절할 수 있다.

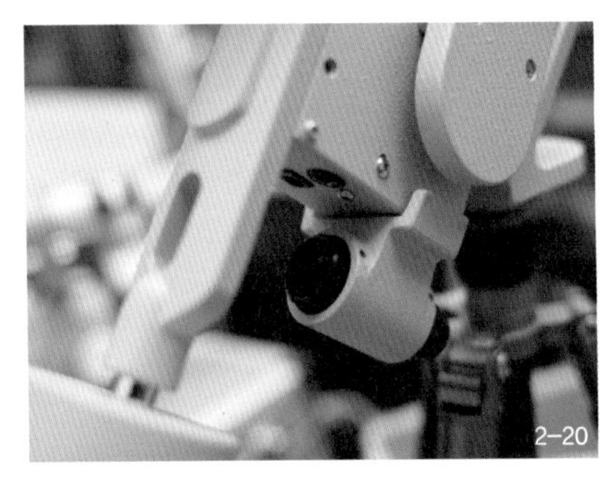


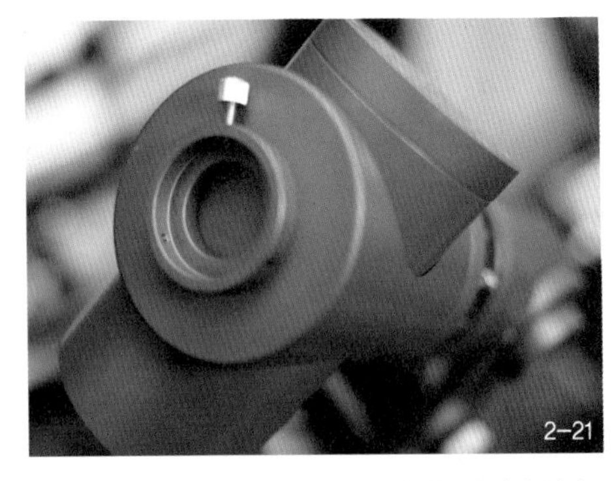


일반적으로 극축 망원경은 적경축 상에 위치하고 있지만 일부 적도의의 경우 사진 2-20과 같이 적도의의 외부에 나와 있기도 하고, 2-21과 같이 아예 극축 망원경을 생략하고 전자식 극축 망원경을 장착할 수 있는 홈이 있기도 하다.

극망이 꼭 적경축의 중심에 있어야 하는 것은 아니기 때문에 (적경축과 극망의 중심이 평행하기만 하면 된다) 일부 적도의의 경우에는 적경축의 중심이 아닌 다른 곳에 극망이 위치하는 경우도 있다.

적경축의 앞쪽에는 무게추를 장착할 수 있는 추봉이 있으며 무게추는 적도의에 망원경을 올렸을 때 적경축을 중심으로 무게중심을 잡아 모터에 부하가 덜 걸리게 해주는 역할을 한다. 적도의의 윗면에는 적도의와 망원경을 연결할 수 있도록 나사가 파여 있거나 단면이 사다리꼴로 생긴 금속 막대인 도브테일 바를 연결할 수 있는 구조로 되어 있다. 보통 타카하시 적도의들이 나사 구멍이 나 있고 그 위에 경통 밴드를 부착할 수 있도록 되어 있으며, 일본의 빅센 제품이나 중국산 적도의는 보통 도브테일 (81~82페이지 참조)을 사용하여 경통을 연결하는 구조로 되어 있다. 나사로 체결하는 경우 고정이 매우 단단하게 되지만 공구를 이용해서 나사를 조이는 과정이 있기 때문에 경통과 가대의 연결 과정이 조금 귀찮다는 단점이 있다. 도브테일은 간단하게 경통을 연결할 수 있지만 나사 조임 방식보다 단단한 맛은 떨어진다.

## 적도의 스펙 읽기

나에게 어떤 적도의가 알맞는지 알기 위해서는 제작사에서 제공하는 제품 사양표를 읽을 수 있어야 한다. 일단 아래의 제품 사양표를 한번 살펴보자. 우리나라에서 인기 있는 일본산 적도의 사양표의 일부이다.

적도의 제조사마다 보여주는 사양이 가지각색이기 때문에 제시한 사양표가 결코

| 형식 | 2축 모터 내장, 독일식 적도의 |
|---|---|
| 적경 미동 | 웜휠 전주 미동 (감속비 180 : 1), 스테핑 모터에 의한 전동 구동 (수동은 불가), 고속 · 일반 운전 모드 전환 가능 |
| 적위 미동 | 웜휠 전주 미동 (감속비 180 : 1), 스테핑 모터에 의한 전동 구동 (수동은 불가), 고속 · 일반 운전 모드 전환 가능 |
| 방위 미동 | 더블 스크류 방식, 가동 범위 ±15° |
| 경사각 미동 | 스크류 방식, 가동 범위 고도 0° ~ 50° |
| 탑재 중량 | 약 17kg |
| 본체 무게 | 약 16.5kg (밸런스 웨이트 별) |
| 구동 주파수 | 약 100PPS |
| 사용 가능 지역 | 전 세계 (위도 제한 있음) |
| 전원 전압 | 정격 DC12V Max. 5.1A, 소비 전류 0.8 ~ 5.1A |

표준이라고 할 수는 없다. 단지 참고용으로만 활용하도록 하자. 표를 보면 수많은 항목이 있지만 이중에서 가장 중요한 것은 다음과 같다. 물론 중요도는 사람마다 이견이 있을 수는 있다.

### 탑재 중량

적도의에 얼마나 많은 짐을 얹을 수 있는지를 나타낸다. 트럭의 톤수와 비슷한 개념으로 이해하면 될 것이다. 예를 들어 탑재 중량이 17kg인 적도의는 17kg의 하중까지 오동작 없이 잘 버틸 수 있다는 것을 의미한다. 하지만 실제로 17kg까지 올릴 수 있을까 하는 의심을 가져볼 필요가 있다. 망원경의 길이나 지름에 따라 실제로 적도의에 가해지는 부하가 다르기 때문이다.

대체로 고급 적도의의 경우에는 사양에 나와 있는 탑재 중량에도 잘 버티며 작동하지만, 염가형 적도의의 경우 사양에 나와 있는 한계치까지 장비를 얹으면 가이드 정밀도가 떨어지거나 진동이 발생하는 경우가 있기 때문에 이보다는 조금 가볍게 올리는 것이 좋다. 또한 사진촬영을 염두에 두고 있다면 사양에 나와 있는 탑재 중량보다 10~20% 정도 가볍게 올리는 것이 좋다.

최고급 적도의를 제작하는 한 업체의 제품 설명에는 다음과 같이 기술되어 있다.

> **탑재 중량**
>
> 약 30kg의 경통과 액세서리를 장착할 수 있지만 경통의 길이에 따라 다를 수 있습니다. 아스트로피직스사의 160mm f7.5 Starfire EDF 경통이나 이와 유사한 빠른 굴절망원경, 8~12인치급 SCT, 8~10인치급 막스토프 경통에 추천합니다만, 단지 가이드라인일 뿐입니다. 무게에 비해 긴 망원경이나 크기에 비해 무거운 경통의 경우 탑재 중량이 더 큰 적도의를 사용해야 합니다. 또한 사진촬영시에는 안시관측에 비해 보다 더 튼튼한 가대가 필요합니다.

즉, 경통의 길이가 길수록 진동에 취약해지기 때문에 경통의 무게에 비해 더 높은 탑재 중량을 가진 적도의를 사용해야 한다. 사진촬영의 경우 진동을 최대한 줄여야 하기 때문에 이 같은 표기를 한 것이라 해석해볼 수 있다.

적도의를 새로 구입하고자 할 때는 현재 사용할 장비의 총 무게가 얼마나 되는지 반드시 확인해보고 이보다 여유 있는 탑재 중량을 가진 적도의를 선택해야 한다. 하지만 탑재 중량이 늘어난다는 것은 적도의의 무게와 가격도 함께 올라간다는 의미이기 때문에 관측지에 들고 나갈 수 있는 무게인지, 예산 안에서 구입할 수 있는 제품인지 잘 판단해보아야 한다.

역으로, 기존의 적도의를 유지하면서 경통이나 카메라와 같이 무거운 제품을 새로운 것으로 교체하는 경우 무게가 얼마나 늘어나게 되는지 따져볼 필요가 있다. 천체 망원경이나 카메라 제조사의 홈페이지에 들어가보면 제품의 무게가 나와 있는데, 이를 참조하여 무게 변화를 계산해보자. 물론 더 가벼워진다면 좋은 일이다.

### 본체 중량

적도의 차체의 무게를 의미한다. 적도의는 쇳덩어리이기 때문에 탑재 중량이 크면 커질수록 덩치가 커지게 되며, 이에 따라 자체 중량도 늘어나게 된다. 또한 적도의에 장착하는 무게추의 무게 또한 더해지게 된다.

본체 중량은 이동성과 관련이 있다. 본체 중량이 무거워질수록 옮기기가 어렵기 때문이다. 예를 들어 아파트에 거주하는 아마추어의 경우 그 무거운 적도의 상자, 적도의, 무게추의 무게가 합해진 만큼의 쇳덩이를 집에서 주차장까지 옮기고, 이를 번쩍 들어 차에 싣고 관측지로 가야 한다. 돌아올 때도 마찬가지다. 체력이 좋다면 상관없지만, 몇 번 짐을 나르다 보면 그 다음날은 온종일 허리가 쑤시고, 한의원에서 침을 몇 번 맞다 보면 별 보러 밖에 나가고 싶은 생각이 점점 줄어들게 된다.

물론 큰 편에 속하는 적도의 중 몇몇은 여러 조각으로 분해가 되기 때문에 이동이 좀 더 쉽지 않을까 생각할 수 있지만, 짐을 나눠서 옮기는 것일 뿐 전체적인 무게가 줄어드는 것은 아니다. 따라서 자신이 어느 정도 무게를 감당할 수 있을지 잘 생각해볼 필요가 있다. 위의 사양표에 본체 중량이 16.5kg으로 되어 있고 5kg 추 두 개가 별도로 제공된다. 합치면 26.5kg이 되는데, 이 정도 무게의 쌀자루를 들고 다닌다고 생각해보면 아찔하다.

### GOTO 기능

GOTO란, 컴퓨터 혹은 키패드를 통해 망원경이 향할 곳을 지정하면 가대가 자동으로 망원경을 원하는 방향으로 돌려주는 기능을 의미한다. GOTO가 없던 시절에는 어떤 관측 대상, 예를 들어 M31 안드로메다 은하를 찾으려 한다면 성도에서 위치를 확인하고 그 주변에 있는 밝은 별을 길잡이 삼아 파인더를 통해 하나하나 별을 건너뛰면서 찾아갔지만, GOTO 기능이 있는 경우에는 키패드에 M31을 입력하고 버튼만 눌러주면 가대가 알아서 움직인다. 뿐만 아니라 해당 천체의 좌표, 특징, 밝기 등 기타 정보도 함께 표시해주기 때문에 해당 천체의 특징을 파악하는 데 도움이 된다.

이미 돕소니언 망원경을 이야기하면서 언급했지만, GOTO 기능에 대한 의견은 분

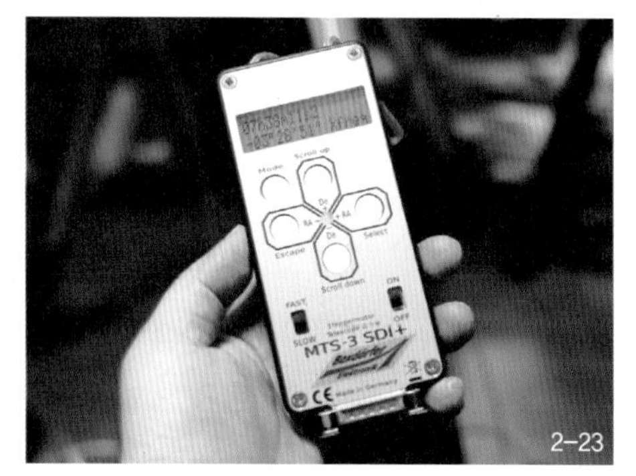


셀레스트론 넥스타+ 컨트롤러(2-22)와 MTS-3 컨트롤러의 모습(2-23). GOTO 기능이 있는 컨트롤러의 경우 버튼이 많이 있는 것이 일반적이지만, 일부 컨트롤러는 적은 수의 버튼 조작으로 GOTO 기능을 사용할 수 있다.

분하다. 최첨단 기술을 이용하여 별을 쉽게 찾아가는 대신 별을 찾는 성취감은 포기할 것인지, 아니면 고전적인 방법으로 파인더를 통해 오랜 시간 동안 별을 하나하나 짚어가며 대상을 찾아갈 것인지 말이다.

어느 쪽을 선택하든 개인의 취향이겠지만, 요즘 나오는 가대, 특히 적도의의 경우에는 GOTO 기능이 없는 것을 찾기가 오히려 어렵다. 또한 사진촬영을 염두해두고 있다면 GOTO 기능은 필수다. 카메라를 망원경에 장착하면 망원경이 정확히 어디를 향하고 있는지 알 수가 없기 때문이다.

GOTO의 성능을 나타내는 지표로는 최대 구동 속도와 천체 목록의 숫자 두 가지를 들 수 있다. 구동 속도는 원하는 대상으로 망원경이 얼마나 빠르게 움직이는가 하는 정도로, 보통은 항성시 대비 XXX배속으로 표시한다. 항성시는 자전으로 인해 별이 움직이는 속도를 의미하며, XXX의 숫자가 크면 클수록 가대는 목표를 향해 빠르게 움직인다. 조금 오래된 제품의 경우 입력하는 전압에 따라 최대 구동 속도가 바뀌기도 했지만 최근에 나오는 제품에서는 이런 경우를 찾아보기 힘들다.

천체 목록의 숫자는 GOTO 시스템별로 조금씩 차이가 있는데, 적은 것은 수천 개에서 많은 것은 십만 개 이상의 정보를 가지고 있다. 꼭 정보를 많이 가지고 있어야 좋은 것은 아니다. 어차피 다 활용할 수 있는 것도 아니니 말이다. 하지만 부족한 경우에는 조금 불편할 수도 있다. 이런 경우에는 컨트롤러를 PC와 연결하여 PC용 천문 소프트웨어에 있는 다양한 정보를 활용할 수 있다. 연결 방법에 대해서는 11장에서 설명한다.

### 주기오차

적도의는 주기적으로 동서 방향으로 흔들리는데 이를 주기오차라고 한다. 좋은 적도의일수록 주기오차가 작다(예외로서 하모닉 기어를 이용한 적도의의 경우 그 특성상 주기오차가 크다). 주기오차는 ±3.5″각과 같은 식으로 표시하는데 이 숫자가 작을수록 주기오

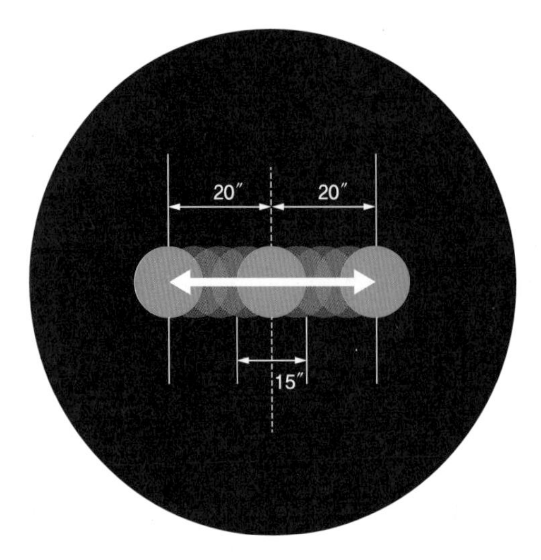


2-24 화성이 지구에 근접하여 15″각의 크기로 보일 때, 주기오차가 작은 적도의라면 화각의 중심에 거의 근접해 있겠지만, 적도의의 주기오차가 ±20″인 경우에는 좌우로 상당히 크게 움직이게 된다.

차가 작은 것이다.

주기오차가 크면 어떤 일이 벌어질까? 낮은 배율에서 안시관측을 하는 경우라면 주기오차가 잘 느껴지지 않을 수 있다. 하지만 행성 등을 고배율로 관측하게 되면 화각의 중심에 가만히 있는 것이 아니라 좌우로 천천히 움직이는 것을 느낄 수 있다. 좀 불편할 것 같지만 휙휙 움직이는 것이 아니기 때문에 역시 큰 문제가 되지 않는다. 하지만 불편함을 느낀다면 위에서 설명한 PEC 기능을 이용해보는 것도 좋겠다(도움은 되지만 PEC를 학습시키는 과정이 귀찮아서 결국에는 사용하지 않게 될 것이다).

안시관측에서는 큰 영향이 없지만 사진촬영의 경우는 매우 중요하다. 주기 오차가 크면 클수록 사진상의 별이 점이 아니라 더 기다란 선으로 나타나기 때문이다. 하지만 주기오차를 보정해주는 장비인 오토가이더(Auto guider)를 사용하는 경우 주기오차뿐만 아니라 여러가지의 오류를 보정해주기 때문에 큰 문제가 되지 않지만, 오토가이더를 사용하지 않고 그냥 적도의의 성능만 믿고 사진촬영을 하는 경우(이를 '노터치 가이드'라고 한다)에는 적도의 성능의 차이가 극명하게 드러난다.

필자가 속해 있는 동호회의 한 회원님의 비유가 적도의에도 살 들어맞는 듯하다.

"고급 스포츠카와 덜덜거리는 차 모두 서울에서 부산을 갈 수는 있지만 편안함이나 정밀함에서 그 차이가 느껴지듯이, 적도의의 세계에서도 이와 비슷한 느낌의 차이를 느낄 수 있다."

적도의, 특히 천체사진에서 적도의 관련 글을 읽으면 별을 어떻게 추적했는가에 관한 몇 가지 단어가 등장한다.

**트래킹** 단순히 모터를 구동 시 별을 추적하는 것을 의미한다. 적도의의 오차를 보정하는 개념은 들어가 있지 않다.

**가이드** 트래킹을 하되 적도의에서 발생하는 각종 오차를 보정해주어 사진상에 별이 점으로 찍히도록 하는 것을 의미한다. 그 하위개념으로 다음과 같은 것들이 있다.

**오토가이드** 사진촬영 시에 사용하는 카메라와 별도로 작은 카메라를 장착하여 이를 통해 적도의가 잘 움직이는지 컴퓨터가 지속적으로 감시하며, 오차가 발생할 경우 적도의를 빠르게 혹은 느리게 움직이도록 하여 오차를 보정한다.

**반자동 가이드** 오토가이드가 컴퓨터에 의존하는 것에 비해 반자동 가이드는 모터가 장착된 적도의의 모터 제어를 사람이 한다. 가이드 스코프에 가이드 카메라 대신 십자선 아이피스를 설치하고 십자선의 중앙에 별이 들어오도록 한 뒤에 이 별이 십자선에서 벗어나지 않도록 손으로 적도의 컨트롤러를 조작하여 가이드하는 방식. 예전에 오토가이드가 비싸던 시절에는 어쩔 수 없이 사용했지만, 첨단 장비의 가격대가 낮아지면서 거의 사용되지 않는 기술이다.

**수동 가이드** 반자동 가이드와 방식은 유사하지만 모터가 없는 적도의에 적용된다는 차이가 있다. 요즘에는 일부 저가의 적도의에만 모터가 없지만 90년대만 해도 모터는 상당히 비싼 부품이어서 모터 대신 사람이 손잡이를 돌려 가이드를 하곤 했다. 대단한 체력과 인내심이 필요한 작업이다.

**노터치 가이드** 적도의 모터를 구동시키지만 가이드를 하지 않는 것을 의미한다. 주로 초소형 적도의를 사용하거나 노출 시간을 짧게 하여 간단히 촬영할 때 사용한다. 결국 트래킹과 같은 의미라고 할 수 있다. 좋은 결과물을 위해서는 주기오차가 적은 적도의를 선택하는 것이 좋다.

## 경통과의 연결 방법

경통을 어떻게 연결하게 되어 있는지 확인하는 것도 매우 중요하다. 적도의에 경통을 연결하는 규격 중에서 다음과 같은 3가지를 쉽게 찾을 수 있다.

1. 타카하시 규격
2. 빅센 규격
3. 로즈만디 규격

타카하시, 빅센, 로즈만디 모두 해외 적도의/망원경 제작사이다. 다른 적도의 제작사들의 경우 이 셋 중의 한 가지 방식을 사용하고 있다(물론 가끔 특이한 것들도 존재한다).

### 타카하시 규격

주로 타카하시 적도의에 적용되어 있는 규격이다. 헤드 위에 4개의 나사 구멍이 위치하고 있고 나사를 이용해 플레이트나 경통 밴드를 고정하게 되어 있다. 매우 단단

2-25

2-26

적도의 헤드가 평평하고 M8 규격의 나사 구멍이 있다(사진은 호빔천문대의 CRUX170 적도의). 이곳에 나사를 이용하여 오른쪽 사진과 같이 경통 밴드를 고정한다.

하게 고정이 된다는 장점이 있지만, 망원경을 설치 및 분해할 때 육각렌치를 이용해 나사를 조이거나 풀어야 하기  때문에 설치 시간이 오래 걸리고 불편하다. 필요에 따라 어댑터를 이용해서 아래에서 소개할 빅센 규격이나 로즈만디 규격의 헤드로 쉽게 변경이 가능하다.

### 빅센 규격

빅센은 단면이 사다리꼴인 도브테일 바(Dove tail bar)를 이용한다. 적도의 헤드에는 손으로 돌릴 수 있는 나사가 있어 도브테일 바를 측면에서 고정한다. 도브테일 바는 기본적으로 경통 밴드와 경통이 조립되어 있는 상태에서 적도의 헤드에 고정할 수 있기 때문에 타카하시 방식에 비해 망원경 조립이 매우 간단하다. 그냥 얹고 나사를 손으로 조이면 끝이다.

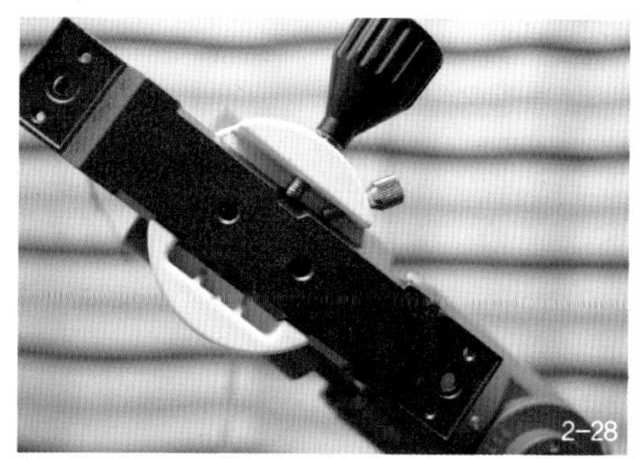


빅센 규격의 헤드에는 두 개의 나사가 있어 큰 손잡이로 도브테일 바를 고정하고 작은 나사로는 경통이 실수로 떨어지는 것을 방지한다. 오른쪽 사진은 빅센 규격 헤드에 도브테일 바를 장착한 모습.

하지만 무거운 경통을 올리는 경우에는 강성이 조금 부족하게 느껴지며 조립, 분해 시 망원경을 잘못 잡고 있으면 떨어뜨릴 수도 있기 때문에 주의가 필요하다.

### 로즈만디 규격

마름모꼴의 도브테일 바를 사용한다는 점은 빅센과 동일하지만, 빅센의 도브테일 바보다 훨씬 크고 무거운 구조로 되어 있다. 주로 미국산 고급 적도의와 망원경에 적용되어 있는 경우가 많으며, 최근에는 일부 중국산 적도의에서도 사용이 가능하다. 도브테일 방식이기에 타카하시 규격에 비해 망원경의 조립이 쉬우며, 빅센의 도브테일에 비해 경통이 견고하게 고정된다. 하지만 전반적으로 무게가 많이 늘어난다.

적도의와 망원경의 접속 규격을 정했으면 거기에 맞춰 경통 밴드를 설치한다. 작은 망원경의 경우 한 개의 밴드를 사용하기도 하고, 조금 큰 경통은 두 개의 밴드로 경통을 감싸고 밴드에 플레이트를 연결하여 적도의에 부착한다. 작고 가벼운 망원경이나 일부 SCT(주로 셀레스트론 제품)의 경우에는 경통 밴드 대신 경통에 도브테일 바가 직접 부착되어 있어 간단히 적도의에 부착이 가능하다.

로즈만디 규격의 도브테일은 빅센 규격에 비해 넓고 얇게 되어 있고 대체로 무겁다.

위에서 설명한 3가지를 응용하면 적도의 위에 널찍한 멀티 플레이트를 설치하여 여러가지 장치를 한 번에 적도의에 얹는 것도 가능하다.

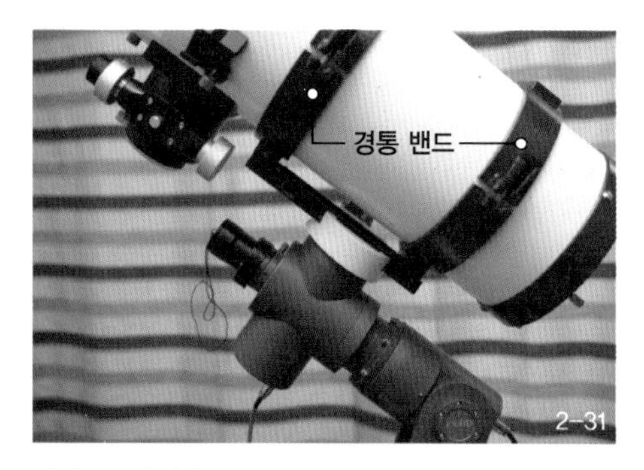

사진 2-31과 같이 도브테일 바 위에 경통 밴드를 나사로 고정하고 경통을 얹는 것도 가능하고, 2-32와 같이 도브테일 바가 경통에 고정되어 있는 경우 손쉽게 적도의와 경통을 연결하는 것도 가능하다.

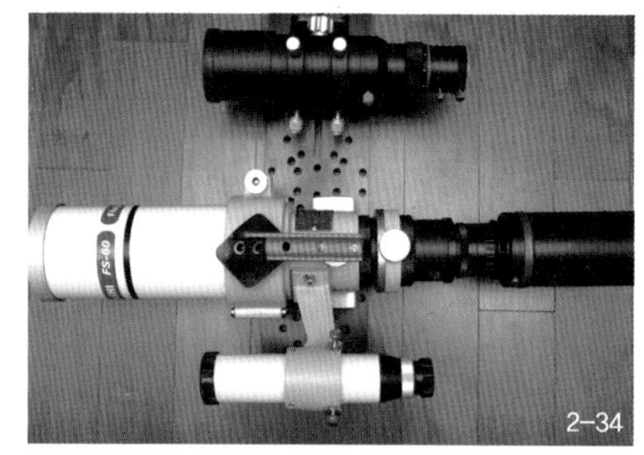


다양한 위치에 여러가지 규격의 구멍이 나 있는 멀티 플레이트(2-33)를 이용하면 다양한 장비를 한 번에 적도의에 탑재하는 것이 가능하다(2-34).

## 삼각대/피어

삼각대/피어는 적도의를 받쳐주는 중요한 역할을 한다. 삼각대나 피어가 튼튼해야 적도의와 경통을 잘 받쳐줄 수 있으며, 관측 시 진동이 발생하지 않게 된다. 가대가 아무리 좋아도 삼각대가 부실하면 경통을 조금만 건드리거나 움직여도 진동이 발생하며, 심한 경우 망원경의 초점을 맞추기가 곤란해지기도 한다(물론 삼각대가 튼튼해도 가대가 부실하면 진동이 심해진다).

삼각대는 소재에 따라 목재 및 금속제로 나눌 수 있다. 잘 만든 제품이라면 어떤 소

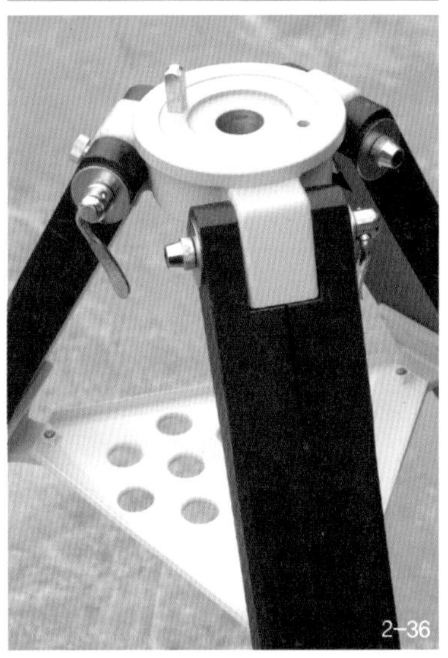


입문용 망원경 세트에 포함되어 있는 목재 삼각대(2-35)와 굵직한 목재 삼각대(2-36)의 모습. 2-35와 같은 삼각대는 가벼운 망원경을 올려도 진동이 심하게 발생하지만, 튼튼한 목재 삼각대의 경우는 웬만한 진동도 잘 잡아준다.

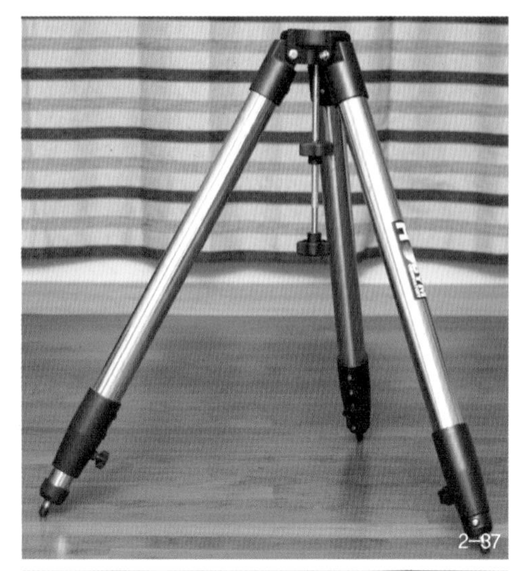


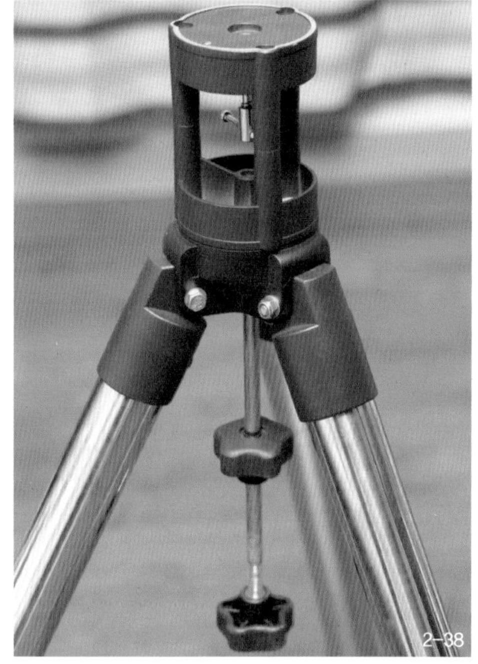


일반 삼각대(2-37)에서 굴절망원경을 사용하면 경통과 삼각대가 충돌할 수 있기 때문에 하프피어(2-38)를 장착하는 것이 좋다.

재를 사용하든 간에 그 견고함이 만족스럽지만, 금속제 삼각대의 경우 길이 조절이 쉽기 때문에 조금 더 편리하게 느껴진다. 하지만 겨울에는 너무 차가워 손 대기가 겁이 난다. 반면 목재 삼각대는 따뜻한 느낌이 들고 외관이 아름답다.

길이가 짧은 경통을 사용할 경우에는 문제가 없지만 긴 굴절이나 반사망원경을 사용할 경우 삼각대의 구조상 특정 위치에서 경통과 충돌한다. 그 상태에서 적도의가 가만히 있으면 괜찮은데 적도의의 강한 힘으로 경통을 계속 돌린다면 적도의가 망가지거나 경통이 찌그러질 것이다. 물론 가대에서 알아서 힘이 풀려버리기도 한다. 하지만 애초에 경통과 삼각대가 닿지 않도록 하는 것이 좋다. 길이가 긴 망원경을 사용

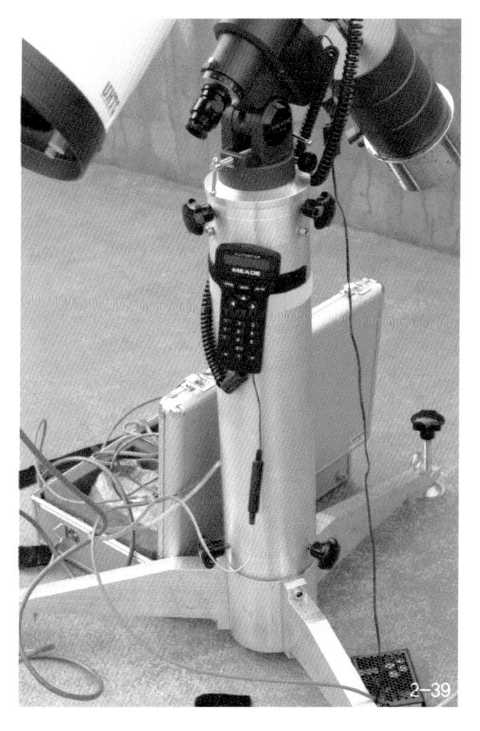

예전에는 무겁고 이동이 어려운 피어(2-39)를 사용했지만, 최근에는 신축식 다리와 높낮이를 조절할 수 있는 형태의 피어(2-40)도 찾아볼 수 있다.

한다면 사진 2-38과 같은 하프피어(Half-Pier)를 삼각대에 연결하며 가대의 위치를 높여주면 충돌을 방지할 수 있다.

삼각대보다 더 견고한 것을 원한다면 피어(Pier)를 고려해보는 것도 좋다. 피어는 금속 기둥이기 때문에 삼각대보다 훨씬 견고하며 경통이 충돌할 염려가 없다. 하지만 삼각대 대비 무게가 많이 나가 이동성이 떨어진다. 최근에는 설계 및 소재의 발달로 콤팩트하게 접을 수 있는 제품은 물론 카본으로 제작하여 간단하게 휴대할 수 있는 제품도 출시되고 있다. 하지만 무거울수록 견고하다는 점을 기억하자.

지금까지 적도의 위주로 가대의 원리와 기능, 그리고 삼각대와 피어에 대해 알아보았다. 앞으로 가대를 결정할 때 자신에게 어떤 가대가 알맞고 또 어떻게 활용할 것인지에 대해 다시 한 번 고민해보고 제품을 선택하도록 하자.

| 구 분 | 적도의 | 경위대 |
|---|---|---|
| 무게 | 무겁다 | 가볍다 |
| 설치 편의성 | 복잡하다 | 단순하다 |
| 사용 편의성 | 어렵다 | 쉽다 |
| GOTO 기능 여부 | 가능 | 가능 |
| 사진촬영 | 가능 | 제한적 |
| 가격 | 비싸다 | 저렴하다 |

CHAPTER 3

# 아이피스

천체망원경은 빛을 모아서 상을 만든다. 상(像)이란 렌즈가 만들어낸 이미지를 의미한다. 천체망원경의 접안부에 반투명한 종이를 붙이면 망원경이 만든 상을 확인해볼 수 있다(사진 3-1). 망원경이 멀리 떨어져 있는 물건을 크게 보도록 해주는 장치임에도 불구하고 상의 크기는 생각보다 아주 작다.

3-1 망원경에서 만든 상을 확인해보려면 접안부에 셀로판지를 붙여보자.

그렇다면 이 작은 상을 어떻게 하면 크게 볼 수 있을까? 아래의 그림을 한번 보자. 그림 3-2는 굴절망원경을 아주 간단하게 표현한 것이다.

멀리 떨어져 있는 별빛이 렌즈를 통과하면 렌즈의 초점거리에 해당하는 지점에 상을 맺게 된다. 이 상은 면(面)의 형태를 하고 있으며, 초점이 맺힌 면을 초점면이라고 하며 동그란 모양의 초점면에 맺힌 상을 이미지 서클(Image circle)이라고 한다. 그림 3-2에는 이미지 서클이 선으로 표현되어 있지만, 이는 원을 옆에서 본 모습이다(사실 이미지 서클이 아주 평탄하지는 않다. 이에 대해서는 부록에서 설명한다).

망원경이 만드는 상은 사진 3-1과 같이 아주 작기 때문에 이것을 확대할 돋보기

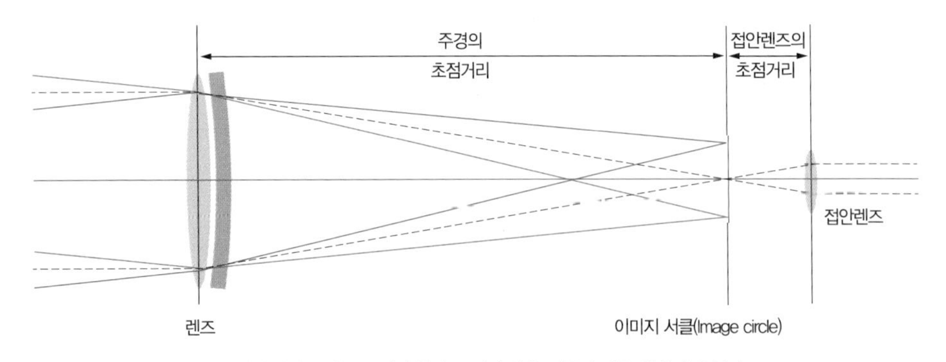


3-2 간단하게 그려본 굴절망원경. 주경이 상을 만들면 이를 확대해서 본다.

3-3 다양한 종류의 아이피스. 왼쪽부터 빅센 SSW 3.5mm, 니콘 NAV 5mm, 텔레뷰 델로스 10mm, 빅센 SSW 14mm, SWA 32mm, 윌리엄옵틱 SWAN 40mm. 오른쪽의 2개는 2인치 접안부용이라 지름이 다른 것들에 비해 굵다.

역할을 해줄 무엇인가가 필요하다. 이런 확대 기능을 제공하는 렌즈를 아이피스(eye piece) 혹은 접안렌즈라고 한다.

아이피스는 상을 확대하는 기능을 가지고 있을 뿐만 아니라 망원경의 전반적인 화질에 많은 영향을 준다. 아무리 좋은 망원경이라도 저화질의 아이피스를 사용하면 전반적인 화질이 많이 나빠지기 때문에 망원경의 제 성능을 누릴 수 없게 된다. 이와 반대로 보급형 망원경에 들어 있는 기본 아이피스를 조금 더 좋은 것으로 바꾸면 화질이 확 살아난다.

## 배율

아이피스는 망원경의 배율에 관여한다. 배율은 망원경의 초점거리를 접안렌즈의 초점거리로 나눈 값이다.

배율 = 망원경의 초점거리 / 접안렌즈의 초점거리

예를 들어 망원경의 초점거리가 800mm인데 여기에 5mm짜리 아이피스를 장착하면 배율 = 800mm / 5mm = 160배가 된다. 보고자 하는 대상에 따라 보기 편한 배율이 각각 다르기 때문에 최소한 3가지, 가급적이면 4가지 이상의 배율을 낼 수 있으면 보다 다양한 천체관측이 가능하다. 여러 개의 아이피스를 가지고 있으면 다양한 배율을 즐길 수 있지만, 처음부터 이렇게 많은 아이피스를 구입하려면 비용이 많이 들기 때문에 뒤에서 설명할 바로우 렌즈를 활용해보는 것도 좋다.

## 화각

얼마나 넓게 볼 수 있는가 하는 것을 화각(FOV, Field of view)이라고 한다. 화각이 넓으면 넓을수록 시원한 느낌이 나고, 좁으면 답답한 느낌이 난다. 대체로 고가의 아이피스일수록 넓은 화각을 제공한다(물론 행성 관측 전용으로 나온 아이피스와 같이 화각이 좁으면서 고가인 경우도 있다).

고화각 아이피스의 대표주자로 텔레뷰(Televue) 사의 나글러(Nagler) 제품을 들 수 있다. 나글러는 발매 당시에는 매우 혁신적인 82도의 화각을 제공하는 제품이었다. 하지만 요즘에는 상대적으로 저렴한 중국산 아이피스를 포함하여 82도가 넘어가는 화각의 아이피스를 찾아보기가 어렵지 않다. 설계 기술의 향상 등으로 인해 아이피스의 화각은 계속 넓어져왔으며, 텔레뷰 사의 에토스(Ethos) 아이피스는 무려 110도의 화각을 보여준다. 에토스가 보여주는 밤하늘은 시원하지만 가격 또한 시원하게 안드로메다 저 너머에 있다. 그런데 과연 광시야 아이피스는 얼마만큼 시원하게 보이는 것일까? 시뮬레이션을 통해 한번 알아보자.

무료 별자리 프로그램인 스텔라리움에 초점거리가 10mm이고 화각이 각각 50도, 82도인 아이피스를 입력하고 초점거리가 816mm인 4인치 굴절망원경에 연결해서

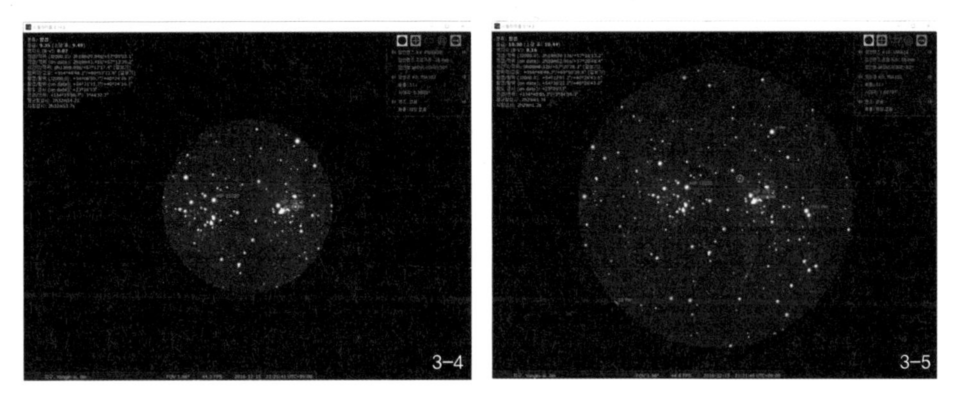


같은 배율의 화각이 다른 아이피스로 본 달의 모습. 왼쪽부터 50도, 82도.

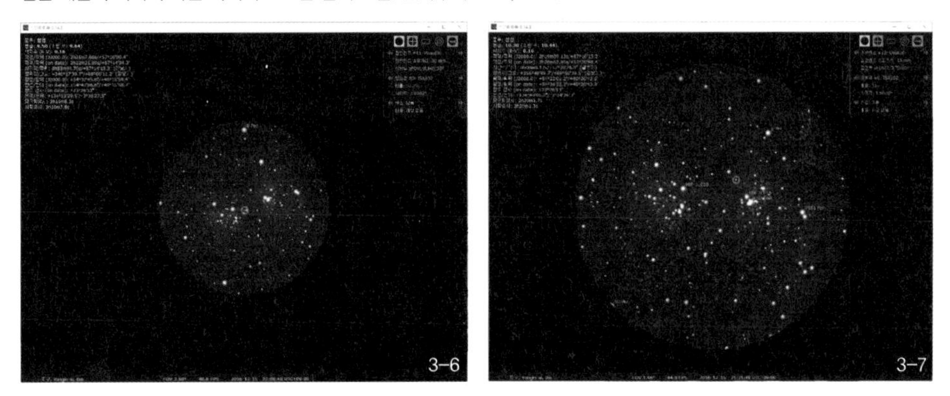


50도(3-6), 82도(3-7) 아이피스의 시뮬레이션 영상. 같은 실시야각이지만 느낌은 완전히 다르다.

본 페르세우스자리 이중성단의 모습은 사진 3-4, 3-5와 같다. 사진을 잘 살펴보면 성단의 크기는 두 아이피스에서 모두 동일하게 보이지만, 시야각이 다르기 때문에 보이는 영역의 넓이에는 많은 차이가 있다는 것을 알 수 있다.

단순히 넓게 보이는 것뿐만 아니라 보다 더 디테일하게 볼 수 있다는 점도 광시야 아이피스의 장점이다. 사진 3-6, 3-7과 같이 82도 아이피스에서 보이는 모습과 동일한 실시야각으로 화각 50도짜리 아이피스를 통해 보려면 보다 장초점의 아이피스를 사용해야 하며, 결과적으로 배율이 낮아지기 때문에 시뮬레이션 화면과 같이 시원한 느낌이 많이 다르다.

아이피스에서 보이는 밤하늘의 실제 영역을 실시야각이라고 한다. 실시야각은 아이피스의 화각을 배율로 나눈 값이다. 예를 들어 82도짜리 아이피스를 끼웠을 때 100배의 배율이 나오는데, 이때 내가 실제로 보는 밤하늘의 넓이는 82도 / 100 = 0.82도가 된다.

그렇다면 넓은 화각이 과연 좋기만 한 것일까? 사람의 시야각은 상당히 넓다고 한다. 양 눈의 시야를 합치면 거의 180도에 가깝다. 시선을 정면에 있는 한 점에 고정시키고 손을 양옆으로 쭉 뻗어 앞쪽으로 움직여보면 선명하지는 않지만 손가락의 움직임이 느껴진다. 물론 선명하게 보이느냐는 좀 다른 이야기이다.

반면, 무언가를 집중해서 보면 선명하게 보이는 부분의 화각이 많이 좁아진다. 예컨대 책을 집중해서 보면 글씨 몇 개만 인식이 되지 그 페이지 전반에 있는 글씨를 인식할 수 없다. 따라서 행성과 같이 크기가 작은 천체를 보는 경우에는 꼭 화각이 넓은 아이피스가 필요하지는 않다. 화각이 넓은 아이피스일수록 렌즈알이 많이 들어가 빛의 손실이 많아져, 오히려 화각은 좁지만 렌즈알이 적게 들어가 빛의 손실이 적어 조금이라도 더 밝게 보이는 아이피스가 유리하다. 빅센의 HR 아이피스나 타카하시의 Abbe, 펜탁스 XO 아이피스 등이 여기에 속한다.

사람에 따라 조금 다를 수 있지만, 개인적으로 너무 넓기만 한 것은 부담스럽거나 거부감이 느껴지기도 한다(물론 가격적인 거부감도 포함이다). 이 부분은 상당히 주관적인 견해지만, 필자의 경험상 화각이 65도 이상이면 답답함 없이 볼 수 있었으며, 화각이 80도를 넘어가기 시작하면 넓은 화면 때문에 오히려 보는 데 집중하기 어렵다는 느낌이 든다. 넓은 시야를 다 보려면 눈동자가 아이피스 위에서 계속 움직여야 하기 때문이다. 시야 100도면 엄청 넓다 느껴지기도 하지만, 아이피스의 크기와 무게, 가격 등을 생각하면 부담스러운 것도 사실이다.

### 강낭콩 효과(Kidney effect)

3-8

광각 아이피스가 참 좋은 것 같지만 부작용도 있다. 눈을 아이피스에 너무 가깝게 대거나 정확한 위치가 아닌 곳에 놓게 되면 화면의 한쪽 부분이 강낭콩 모양으로 검게 나타나며 그 부분에는 아무것도 보이지 않는다. 숙련된 아마추어의 경우 어디에 눈을 놓으면 되는지 잘 알고 있기 때문에 강낭콩 효과가 보이면 눈의 위치를 조금 옮겨 이를 피하지만, 경험이 없어 아이피스와 눈을 정렬시키는 방법을 모르는 초보는 이러한 현상을 자주 겪는다. 아이컵의 높낮이 조절이 가능한 아이피스는 눈과 아이피스 사이의 적정 거리를 유지할 수 있도록 해주기 때문에 강낭콩 효과가 나타나는 것을 어느 정도 피할 수 있다. 물론 강낭콩 현상이 모든 아이피스에서 나타나는 것은 아니기 때문에 구입 전에 리뷰를 확인하거나 직접 테스트해보는 것이 좋다.

## 화질

다양한 광시야 아이피스가 시중에 나와 있지만, 고급품과 저가형의 차이점은 화질에 있다. 화면의 중심부와 가장자리의 화질이 고르고 또렷하게 보이는 것이 이상적이지만, 저가형의 경우 중심부만 선명하고 가장자리로 갈수록 흐릿해지거나(사진 3-10), 심지어 중심부조차 선명하지 않은 경우도 있다. 따라서 화각이 넓은데 저렴하다는 말에 덥석 구입하지 말고 가급적이면 다른 사용자의 리뷰를 살펴보고, 관측지에서 구입하고자 하는 아이피스를 가진 별 친구가 있다면 잠시 빌려서 사용해보는 것도 좋다(빌렸다가 혹시나 실수로 망가뜨렸다면 꼭 인수하도록 하자).

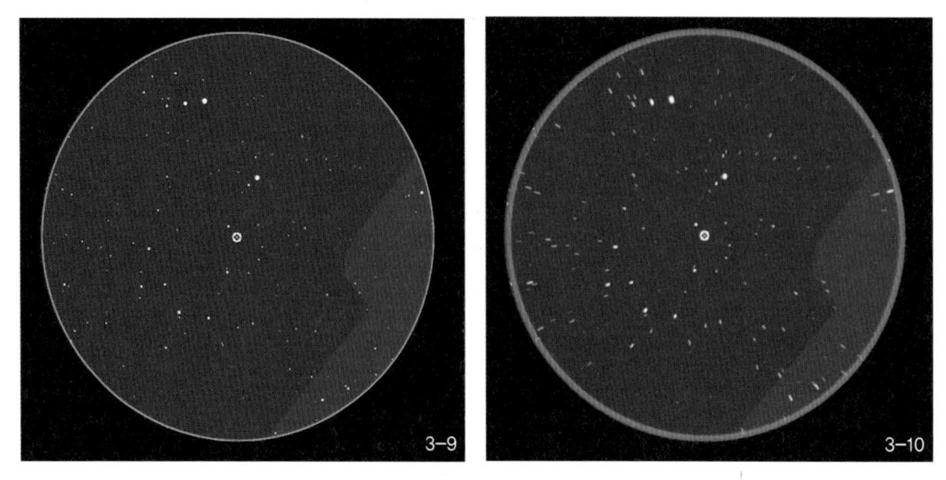


주변부까지 화질이 좋은 아이피스가 왼쪽과 같은 이미지를 보여준다면, 주변부 화질이 나쁜 아이피스는 오른쪽 이미지와 같이 화면 바깥쪽으로 갈수록 화질이 나빠진다(스텔라리움 시뮬레이션 화면을 포토샵에서 수정한 이미지).

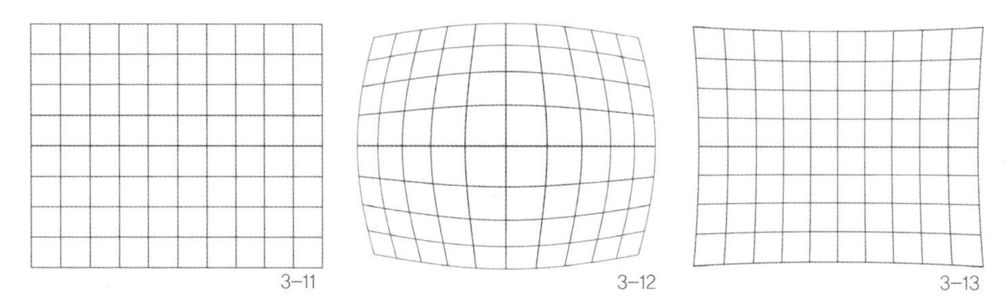


왼쪽과 같은 격자 모양의 상이 가운데 그림 모양으로 변형되는 것을 배럴 디스토션, 오른쪽과 같이 변형되는 것을 핀쿠션 디스토션이라고 한다. 망원경 아이피스뿐만 아니라 쌍안경이나 카메라용 렌즈에서도 발생한다.

단순히 가장자리의 별이 흐릿하다는 문제뿐만 아니라 왜곡도 상의 품질에 영향을 미친다. 아이피스에서 발생하는 왜곡은 크게 배럴 디스토션(Barrel distortion, 그림 3-12)과 핀쿠션 디스토션(Pincushion distortion, 그림 3-13)이 있다. 배럴 디스토션은 평평한 상이 술통 모양으로 변형되는 것이고, 핀쿠션은 실 감는 실패 모양으로 변형이 생기는 것을 의미한다. 밤하늘을 볼 때는 이게 왜곡이 있는지 없는지 잘 알 수가 없다. 하지만 낮에 지상에 있는 네모난 모양의 빌딩을 천체망원경으로 보면 왜곡이 발생하는 것을 관찰해볼 수 있다. 천체망원경으로 뭔가 측정을 할 때 예를 들어 이중성 간의 간격이나 목성과 위성과의 위치 등을 정밀하게 관측한다고 하면 왜곡이 문제가 될 수 있다. 화면의 어느 부분에 별을 놓고 보느냐에 따라 측정값이 달라질 수 있기 때문이다. 하지만 이러한 작업을 하지 않는 이상은 큰 문제가 되지 않는다.

## 아이 릴리프

아이피스의 화각을 제대로 느낄 수 있는, 아이피스와 눈동자 간의 거리를 아이 릴리프(eye relief)라고 한다. 아이 릴리프가 짧으면 눈을 아이피스에 바짝 대야 하기 때문에 속눈썹이나 눈동자가 렌즈에 닿을 수도 있고 안경을 썼다면 안경알이 아이피스에 닿게 되어 매우 불편하다. 따라서 가급적 아이 릴리프가 긴 아이피스를 이용하는 것이

텔레뷰 사의 델로스 아이피스의 경우 고무로 된 아이컵이 장착되어 있고(3-14), 필요에 따라 높낮이를 조절하여 최적의 눈높이를 맞출 수 있게 되어 있다(3-15).

편하다. 그렇다고 아이 릴리프가 긴 것이 무조건 좋은 것은 아니다. 눈을 아이피스로부터 적당히 띄우고 보지 않으면 오히려 주변부가 어두워지면서 잘 보이지 않게 되기 때문이다. 이런 불편함을 해소하기 위해 시야가 넓고 아이 릴리프가 긴 아이피스는 대체로 눈두덩이가 닿는 부분인 아이컵이 잘 만들어져 있으며, 눈과 아이피스 사이의 거리를 적당히 유지할 수 있도록 아이컵을 위, 아래로 움직일 수 있게 되어 있다.

## 아이피스의 규격

아이피스의 규격은 접안부와 결합되는 부분의 지름으로 구분되는데, 24.5mm(0.965인치), 31.7mm(1.25인치), 50.8mm(2인치)의 3가지 규격이 가장 흔하다. 이중에서 24.5mm 아이피스는 신품으로는 거의 찾아보기 어려우며 31.7mm가 주류를 이루고 있다. 또한 광각 아이피스 중에서 초점거리가 긴 제품은 주로 50.8mm 규격을 사용한다(물론 초점거리가 아주 긴 망원경을 위한 3인치 이상 되는 크기의 아이피스도 존재한다).

3-16 24.5mm 아이피스인 펜탁스 XP-8(왼쪽), 31.7mm 규격의 빅센 SSW 14mm(가운데), 50.8mm 규격의 윌리엄 옵틱 SWAN 40mm(오른쪽)의 비교. 망원경과 결합하는 부위의 지름이 다르다.

그렇다면 31.7mm 아이피스와 50.8mm 아이피스 간에는 화실상 차이가 있을까?

화질은 접안부의 지름에 의해서 결정되지 않는다. 단지 아이피스의 초점거리가 어느 정도 길어지면 1.25인치의 구경으로는 구현하기가 어렵기 때문에 장초점 아이피스, 대체로 30mm 이상의 초점거리를 가진 아이피스 중에서 50.8mm 규격을 사용하는 경우가 많을 뿐이다. 물론 최근에는 초점거리가 짧더라도 100도 이상의 광각인 경우에 50.8mm 제품을 찾아볼 수 있다(ex. ES 100도 제품). 한편 어떤 아이피스는 31.7mm와 50.8mm를 겸용으로 사용할 수 있게 되어 있기도 한다(ex. 텔레뷰 에토스 아이피스).

## 내 망원경에 맞는 배율은?

사출동공 지름(exit pupil)이라는 용어가 있다. 일본식 한자어 같은, 조금 어색한 느낌이 드는 단어다. 이는 아이피스에서 나오는 빛다발의 지름을 의미한다. 이 빛다발의 지름이 눈동자보다 작다면 망원경으로 모은 빛이 눈으로 다 들어가겠지만, 이와 반대로 눈동자보다 크다면 빛의 일부는 눈으로 들어가지 못하고 손실되어버린다.

빛다발의 지름은 배율과 관련이 있으며, 배율이 낮을수록 그 지름이 커진다. 사출동공 지름은 망원경의 구경을 배율로 나눈 값이다. 그런데 동공이 가장 넓게 열렸을 때 약 7mm(사람마다 차이가 있다)가 되므로 사출동공 지름은 7mm 이하가 되어야 망원경이 힘겹게 모은 빛이 손실 없이 눈에 이를 수 있다. 이를 공식에 넣으면 7mm ≤구경/배율이 되며, 달리 표현하면 배율≤구경/7mm가 된다. 따라서 필자의 102mm 굴절망원경의 경우 배율≤102/7≒14.6, 즉 14.6배보다 배율이 낮으면 망원경이 애써 모은 빛을 제대로 활용하지 못하게 된다.

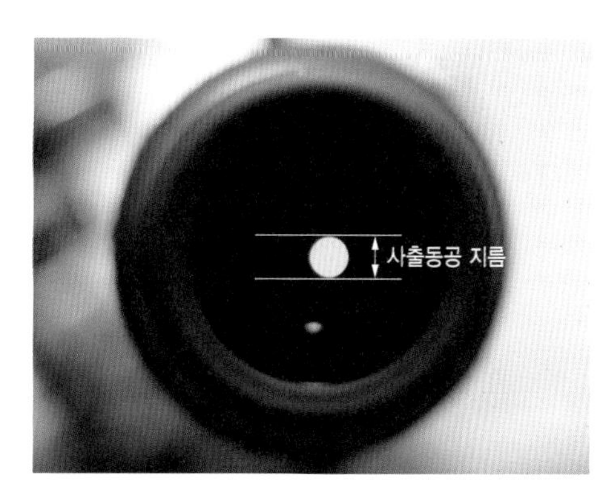

3-17 초점거리가 600mm인 구경 125mm 망원경에 20mm 아이피스를 장착했을 때의 사출동공 사진. 이때의 사출동공 지름은 125mm/30배≒4.17mm가 된다.

참고문헌에 따라 조금씩 차이가 있기는 하지만, 최고배율은 보통 mm로 표

▶ 표 3-1 필자의 망원경과 아이피스 조합 시의 배율

| 필자의 망원경과 아이피스 조합 시 배율 | | 망원경 | | |
|---|---|---|---|---|
| | | TSA-102 | FS-60CB | EDGE HD8 |
| 아이피스 | 초점거리(mm) | 816 | 355 | 2032 |
| 빅센 SSW 3.5mm | 4 | 233 | 101 | 581 |
| 니콘 NAV-5SW | 5 | 163 | 71 | 406 |
| 텔레뷰 Delos 10mm | 10 | 82 | 36 | 203 |
| 빅센 SSW 14mm | 14 | 58 | 25 | 145 |
| **구입 예정 아이피스** | 22 | 37 | 16 | 92 |
| SWA 32mm (2") | 32 | 26 | 11 | 64 |
| SWAN 40mm (2") | 40 | 20 | 9 | 51 |

시한 망원경 구경의 2배 혹은 인치 단위의 망원경 구경에 50 혹은 60을 곱한 값이 적당하다고 한다. 실제로 망원경 구경에 따른 분해능에 한계가 있기 때문에 배율을 높이다 보면 어느 순간 너무 어둡게만 보이고 이게 더 잘 보이는 것인지 아닌지 헷갈리기 시작한다. 하지만 경험상 대기가 아주 안정되어 있는 특별한 날에 아주 좋은 망원경과 아이피스를 사용한다면 구경의 2배보다 배율을 더 높여도 잘 보인다. 실제로 필자의 102mm 망원경으로 목성을 300배로 봤을 때 아주 선명하게 줄무늬와 목성에 드리워진 위성의 그림자를 볼 수 있었으니 말이다.

그렇다면 과연 몇 배를 내는 아이피스를 구성하는 것이 좋을까? 보통 저배율은 30~60배, 중배율은 80~120배, 고배율은 200~400배 정도로 구성하는 것이 편리하다. 저배율은 관측 대상을 찾거나 딥스카이 천체를 넓게 볼 때, 중배율은 산개성단이나 큰 은하, 성운을 보는 데 적합하며, 고배율은 구상성단이나 행성상성운, 행성을 볼 때 사용한다. 제안하는 범위가 상당히 넓은 것 같지만 망원경의 구경이나 관측자의 취향에 따라 다를 수밖에 없는 부분이기 때문에 경험을 통해 자신에게 편리한 배율을 낼 수 있도록 하는 것이 좋다. 또한 여유가 있다면 이 중간중간의 틈을 메울 수 있는

아이피스를 추가로 구비해놓는 것이 편리하다.

필자가 사용하는 배율은 표 3-1과 같다. TSA-102, FS-60CB, EDGE HD8는 필자가 소유하고 있는 망원경의 기종이며, 회색 부분은 사용하지 않는 배율, 핑크는 저배율, 초록은 중배율, 파랑은 고배율을 의미한다. 망원경에 따라 사용하는 배율의 대역이 조금씩 다름을 알 수 있다. 표에 의하면, EDGE HD8의 경우 중배율 구성이 제대로 되어 있지 않아 20mm대의 아이피스를 추가할지 고민 중인 상황이다. 어떤 제품을 고르는 것이 좋을까?

## 아이피스의 종류? 스펙을 읽자

예전에 필자가 공부하던 망원경 관련 서적에서는 아이피스의 종류가 케르너, 오르소, 호이겐스 등이 있다고 설명하는 경우가 대부분이었다. 80~90년대에는 맞는 이야기지만 21세기에 찾아보기 힘든 아이피스 형식들이며, 이런 종류의 제품까지 전부 알아야 할 필요는 없다. 오히려 우리가 구할 수 있는 몇 가지 제품에 대해서 기억하고, 또 제품 스펙을 보는 법 정도를 알고 있는 것이 더 합리적이다.

경통부터 삼각대까지 풀세트로 구성된 망원경 패키지를 구매하면 보통 아이피스가 한두 개쯤 들어가 있다. 재미있게도 고급 망원경을 구입하면 아이피스가 제공되지 않는다. 비싼 망원경을 구입했는데 아이피스 하나 안 끼워주다니, 인심 한번 박하다. 어떤 초보용 망원경에 들어 있는 아이피스를 보면 H20mm, SR4mm라고 표시되어 있다. H는 호이겐스 방식의 아이피스, SR는 대칭형 람스덴(Symmetrical Ramsden) 방식의 아이피스를 의미한다. 하지만 이런 종류의 아이피스들은 구조상 시야도 좁고 아이 릴리프도 짧아서 사용이 불편할 뿐만 아니라 번들로 제공되는 제품이니만큼 렌즈 코팅도 제대로 되어 있지 않을 정도로 만듦새가 좋지 않기 때문에 망원경의 화질을 오히

오래된 디자인의 아이피스 중에서 아직도 명맥을 유지하고 있는 것이 몇 종류 있는데, 오르소스코픽(Orthoscopic, 줄여서 오르소라고 한다)이 여기에 해당된다. 1990년대에는 아주 좋은 아이피스로 인정받았지만, 시야각이 좁으면서도(약 40~50도) 아이 릴리프가 짧아서 사용이 불편하다. 하지만 렌즈알 수가 4장으로 다른 광시야 아이피스보다 적어서 밝고 주변부까지 상이 선명해서 넓은 화각이 별로 필요 없는 행성 관측용으로는 여전히 인기가 있다.

려 떨어뜨리기 일쑤다. 때문에 시중에 이와 동일한 아이피스가 신품으로 별도 판매되는 경우는 거의 없으며, 오로지 망원경 세트의 번들로만 제공된다. 가급적이면 이런 아이피스는 사용하지 말고 저렴한 것이라도 제대로 된 것을 구입하길 권장한다. 향후 망원경을 교체하더라도 아이피스는 오래오래 쓸 수 있는 아이템이니까 말이다.

최근의 아이피스는 플뢰슬(Plössl) 계열의 아이피스와 다양한 종류의 광시야 아이피스 제품으로 나눠볼 수 있다. 광시야 아이피스의 경우 제조사 및 제품마다 설계가 조금씩 다르기 때문에 일일이 종류를 열거하기는 어렵다. 따라서 스펙을 보고 어떤 제품인지 파악하는 것이 중요하다. 일단 표 3-2를 살펴보도록 하자.

위에서 언급했듯이 필자의 아이피스 구성에서 20mm 언저리의 아이피스를 추가하면 EDGE HD8 망원경에 중배율이 추가되면서 사용이 편리해진다. 그렇다면 과연 어떤 20mm대의 아이피스를 구입하는 것이 좋을까? 표 3-2에는 실제로 판매되고 있는 4종류 아이피스의 8가지 항목에 대한 사양이 나와 있다.

경통 지름은 접안부와 연결되는 부분의 지름을 의미한다. 가지고 있는 망원경의 시스템이 50.8mm로 세팅되어 있다면 접안부의 지름을 줄일 수 있는 어댑터를 이용할 수 있기 때문에 아이피스가 31.7mm든 50.8mm든 별 상관이 없다. 이와 반대인 경우에도 어댑터를 사용할 수 있지만 아이피스의 성능이 제대로 나오지 않을 수 있다. 50.8mm의 경우 필자의 FS-60CB 굴절망원경에는 장착이 불가능하다. 하지만 EDGE HD8 망원경을 위한 아이피스를 찾는 것이기 때문에 경통 지름은 큰 고려사

▶ **표 3-2 아이피스 사양 비교** (초록은 필자가 선호, 핑크는 보통, 회색은 선호하지 않는 사양을 의미한다)

| 아이피스 종류 | A | B | C | D |
|---|---|---|---|---|
| 경통 지름 | 50.8mm | 31.7mm | 50.8mm | 50.8mm |
| 화각 | 82° | 70° | 82° | 100° |
| 초점거리 | 18mm | 20mm | 17mm | 20mm |
| 아이 릴리프 | 13mm | 20mm | 17mm | 15mm |
| 무게 | 397g | 355g | 726g | 1.2kg |
| 크기(최대지름X길이) | – | 61mm×86mm | – | 75mm×160mm |
| 필드 스톱(Field-Stop) | – | 24mm | 24.3mm | 38.4mm |
| 렌즈 구성 | 4군 6매 | 4군 6매 | 5군 7매 | – |
| 가격(USD, Opt 기준) | 200 | 359 | 409 | 289 |

항이 되지 않는다.

화각이 넓으면 보이는 것이 시원하다. 따라서 화각만 놓고 본다면 D제품이 가장 좋다고 할 수 있을 것이다. 모든 아이피스 제품군들의 초점거리가 동일하게 출시되지는 않는다. 어떤 제품군에는 20mm가 있는가 하면 어떤 제품군은 이보다 짧거나 긴 초점거리의 아이피스를 판매한다. 따라서 선호하는 제품군 중에서 원하는 사양에 가장 근접한 초점거리를 가진 제품을 고르는 수밖에 없다. 20mm의 경우 EDGE HD8 망원경에서 102배가 나오지만 17mm의 경우 120배가 나오기 때문에 원하는 배율 100배에서 조금 벗어난다고 할 수 있다. A제품 시리즈는 18mm 다음에 24mm라 배율이 너무 낮아지고, C제품 시리즈는 22mm가 있지만 가격이 너무 비싸다.

아이 릴리프가 어느 정도 되면서 아이컵 높이가 조절이 되어야 아이피스의 화각을 편안하게 활용할 수 있으며, 특히 안경 착용자의 경우에는 충분한 아이 릴리프가 필수다. 사람마다 차이가 있겠지만 15mm 이상은 되어야 편안하다. 물론 아이컵 높이가 조절이 된다는 전제하에 말이다. A제품의 경우 좀 짧고, B는 충분히 길며, C는 쓸 만하고, D는 간신히 필자 개인의 기준을 통과한다. 아이컵의 높이 조절 여부는 사양표에는 거의 나

▶ 표 3-3 가격과 성능의 트레이드 오프 관계

| | 가격이 올라갈수록 | 가격이 내려갈수록 |
|---|---|---|
| 화각이 | 넓다 | 좁다 |
| 주변부 화질이 | 좋다 | 나쁘다 |
| 왜곡이 | 적다 | 많다 |
| 아이 릴리프가 | 길다 | 짧다 |
| 아이컵 등에 의해 사용이 | 편리하다 | 불편하다 |
| 만듦새가 | 좋다 | 나쁘다 |
| 밝기가 | 밝다(코팅이 잘 되어 있다) | 어둡다(코팅이 별로다) |

오지 않고 제품에 대한 설명 부분에 있기 때문에 관련 내용이 있는지 잘 찾아봐야 한다.

짐을 들고 다니는 부담을 조금이라도 줄이기 위해서라도 가벼운 것이 좋지만 아이피스가 무거울수록 망원경의 무게 균형에 영향을 많이 주게 된다. 가벼운 아이피스를 사용하다가 갑자기 무거운 것을 장착하면 적도의의 균형이 맞지 않게 된다. 이런 면에서 봤을 때 A, B 제품의 무게는 적당하지만 D제품의 경우 과하게 무겁다. 무거운 만큼 크기도 크다.

마지막으로 고려해야 할 부분은 가격이다. 어쩌면 가장 처음에 고려해야 하는 것일지도 모르겠다. 예산이 무한정이라면 위의 A, B, C, D 제품보다 더 좋은 것을 고를 수도 있지만, 그렇지 않다면 아무래도 아이피스의 사양 중에서 몇 가지를 양보해 예산 범위 내에 들어오는 제품을 고르는 것이 현명한 선택이 아닐까 싶다.

예를 들어 화각이 조금 좁거나 아이 릴리프가 짧은 제품이 아무래도 경제적이다. 왜곡이나 주변부 화질의 경우 직접 사용해보기 전까지는 알 수가 없다는 문제가 있지만, 리뷰를 찾아보면 어느 정도 감이 오지 않을까 생각된다. 결국 필자는 A, B, C, D 중에서 화각이 제일 좁지만 다른 면에서 마음에 드는 부분이 상대적으로 많은 B제품을 선택했다. 하지만 B가 모든 사람들에게 정답일 수는 없다. 사람마다 가장 우선시하는 항목이 다르기 때문이다. 가격이 359USD로 되어 있지만 이보다 더 저렴하게 구입하는 방법은 없을까? 이 부분에 대해서는 9장에서 알아보도록 한다.

## 아이피스용 액세서리

아이피스를 망원경과 단독으로 연결해서 사용할 수 있지만 몇 가지 액세서리와 조합하면 보다 편리하게 별을 보거나 그 기능을 조금 더 확장하는 것이 가능하다. 아이피스와 관련된 액세서리에는 어떤 것들이 있는지 알아보자.

### 바로우 렌즈(Barlow Lens)

바로우 렌즈는 망원경의 초점거리를 늘려주는 역할을 한다. 망원경의 접안부에 장

▶필자가 사용하는 텔레뷰 사의 2.5배 바로우 렌즈(왼쪽)와 5배 바로우 렌즈(오른쪽)

▼바로우 렌즈는 아이피스 바로 앞에 설치한다.

▶▶아이피스와 바로우 렌즈를 결합한 모습

▶ 표 3-4 기본 배율과 바로우 렌즈 장착 시 배율

| 기본 배율 | 2.5배 바로우 장착 시 배율 |
| --- | --- |
| 120 | 300 |
| 60 | 150 |
| 30 | 75 |

착해서 사용하며 초점거리를 얼마나 늘리느냐에 따라 2x, 2.5x, 3x, 4x, 5x와 같이 다양한 배율의 제품이 있어(메이커마다 판매하는 바로우의 배율은 조금씩 차이가 있다) 필요에 따라 선택이 가능하다. 기존에 있는 아이피스와 결합했을 때 바로우의 배율만큼 추가로 배율이 늘어나기 때문에 보다 더 다양한 배율을 아이피스를 구입하는 것보다는 저렴하게 즐길 수 있다. 예를 들어 표 3-4와 같이 현재 3개의 아이피스를 가지고 있으며 각각의 아이피스를 망원경에 장착 시 나오는 배율이 30배, 60배, 120배라고 가정해보자.

여기에 아이피스를 추가로 구입해서 120배보다 높은 배율이 나오도록 하거나 60배와 120배 사이를 메워줄 아이피스를 추가로 구입할 수도 있지만, 2.5배 바로우 렌즈 하나를 구입한다면 현재 가지고 있는 아이피스에서 나오는 배율 120, 60, 30배와 더불어 300배, 150배, 75배라는 배율이 추가된다. 아이피스 1개 살 돈으로 3개를 구입하는 효과를 볼 수 있는 것이다.

바로우 렌즈는 위쪽에 아이피스를 넣어 사용하는데, 만약 천정프리즘을 사용하게

### 바로우 렌즈와 익스텐더의 차이점

천체망원경의 초점거리는 바로우 렌즈를 이용하거나 익스텐더(Extender, Tele-extender, Focal extender)를 망원경에 장착하여 늘릴 수 있다. 둘 다 망원경의 초점거리를 늘려 배율을 쉽게 높일 수 있게 해준다는 점에서는 비슷하지만 차이가 있다. 익스텐더는 대물렌즈와 아이피스 사이 어디에 위치하더라도 표시한 값만큼 초점거리를 늘려주지만(예를 들어 2x 익스텐더는 대물렌즈의 초점거리를 2배로 늘려준다), 바로우의 경우에는 접안렌즈와 바로우 렌즈 사이의 거리에 따라 확대되는 비율이 바뀌게 된다. 즉, 2배 바로우라 하더라도 딱 2배 확대가 되는 것이 아니라 이보다 더 확대되기도 한다. 또한 바로우를 사용하게 되면 아이피스의 아이 릴리프가 늘어나는 효과도 있다.

되는 경우, 천정프리즘 앞쪽이 아니라 뒤쪽에 바로우 렌즈가 위치해야 한다.

바로우 렌즈를 사용하면 간편하게 아이피스 구성의 가격대 성능비를 높일 수 있지만 그 부작용에 대해서도 생각해봐야 한다. 고급 바로우 렌즈의 경우 별 문제가 없지만 저급의 바로우 렌즈(특히 망원경 세트 사면 끼워주는 제품)라면 화질이 많이 나빠진다. 바로우는 아이 릴리프를 늘리기도 한다. 아이피스의 초점거리가 짧을수록 늘어나는 정도가 커진다. 경우에 따라 비네팅이 생겨서 화각이 좁아져 보이게도 하는데 특히 바로우가 짧을수록, 배율이 높을수록 심해진다.

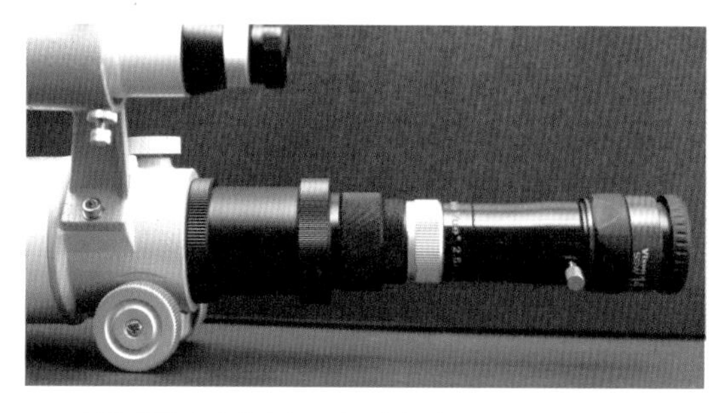

3-21 이렇게 많이 길어지면 무게중심이 뒤로 이동하게 된다.

또 한 가지 문제점은 사진 3-21과 같은 아이피스와 바로우의 조합을 생각해봤을 때, 아이피스만 있을 때에 비해 더 길고 무거워져 망원경의 무게 밸런스에 영향을 준

바로우 렌즈에는 아이피스(3-22)뿐만 아니라 행성 촬영용 카메라(3-23)를 장착하는 것도 가능하다.

다는 점이다.

바로우 렌즈는 망원경의 초점거리를 늘리기 때문에 사진촬영을 위한 카메라를 장착하는 것도 가능하다. 특히 행성 촬영용 카메라로 아주 작은 천체를 확대하거나 달 표면을 고배율로 촬영하는 경우에는 바로우 렌즈를 사용하는 것이 편리하다.

바로우 렌즈도 아이피스와 같이 31.7mm, 50.8mm 규격을 지원하는데, 50.8mm 규격의 경우 다양한 배율을 지원하지 않기 때문에 선택의 폭이 매우 좁다.

### 천정미러(Diagonal)

SCT나 굴절망원경은 경통의 뒤쪽을 통해 별을 볼 수 있는 구조로 되어 있다. 그냥 그렇구나 하고 넘어갈 수도 있지만, 실제로 망원경이 지평선에서 살짝 위쪽을 향하기만 해도 망원경의 뒤쪽에서 보는 것이 매우 힘들다. 어떤 경우에는 바닥에 납작 엎드리거나 누워서 망원경을 봐야 하는 불상사가 생기기도 한다. 따라서 보다 편한 자세로 관측을 하기 위해서는 빛이 향하는 방향을 바꿔줄 필요가 있는데, 천정미러(천정[天頂, Zenith, 천구에서 관측자의 바로 윗부분을 의미] 부근을 볼 때 쓰는 거울이라는 뜻이다)가 이런 역할을 한다. 경통 밖으로 나온 빛의 방향을 90도 꺾어서 보다 보기 편한 위치에서 별을 볼 수 있게 해준다.

천정미러의 안쪽에는 45도 기울어진 거울이 장착되어 있어서 빛의 경로를 바꾸게 된다. 뉴턴식 반사망원경의 부경과 같이 아주 정밀한 거울이 들어 있으며, 정밀도가 높을수록 주경에서 모은 빛을 손상시키지 않고 아이피스로 전달한다. 제품에 따라 사양표에 1/10$\lambda$ 식으로 정밀도를 표시하기도 하는데, 이때 분모에 있는 숫자가 클수록 정밀하다.

예전에는 거울 대신 프리즘이 들어 있는 천정프리즘을 주로 사용했지만 최근에는 대부분 천정미러를 사용한다. 미러는 거울 1개 면의 정밀도에만 집중하면 되지만 프리즘은 빛이 통과하는 면 2개와 반사되는 면 1개의 정밀도를 모두 관리해야 하기 때

3-24 31.7mm 천정미러(왼쪽)와 50.8mm 천정미러(오른쪽)의 크기 비교. 상당한 차이가 있다.

3-25 천정미러 안쪽에는 미러가 있다.

3-26 천정미러가 없으면 이런 불편한 자세로 한참 있어야 한다.

50.8mm 천정미러에는 50.8mm 아이피스(3-27)는 물론, 어댑터를 사용하면 31.7mm 아이피스(3-28)도 장착이 가능하다.

문에 제대로 만들기가 어렵기 때문이다.

아이피스나 바로우 렌즈와 같이 천정미러도 31.7mm와 50.8mm 규격이 있다. 31.7mm의 경우 같은 규격의 아이피스나 바로우 렌즈에만 대응하며 50.8mm 아이

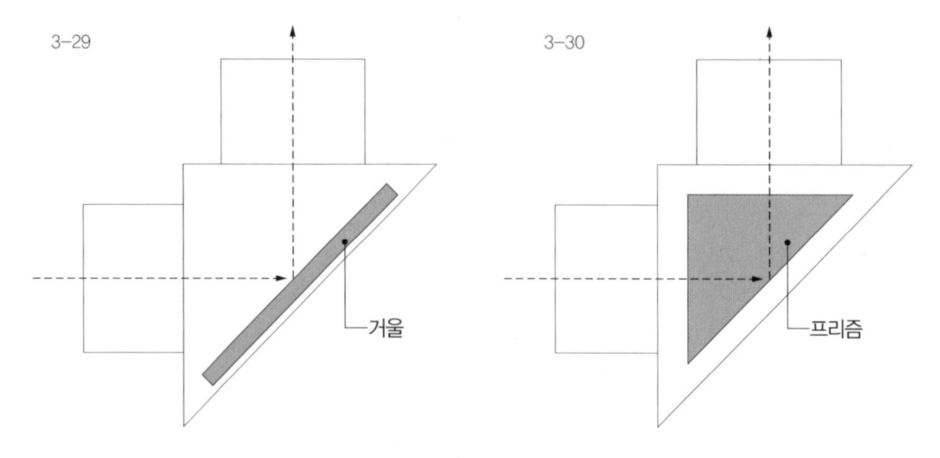


천정미러와(3-29) 천정프리즘(3-30)의 내부 구조

피스는 사용할 수 없다. 반면 50.8mm 천정미러의 경우 31.7mm 아이피스를 장착할 수 있는 어댑터가 포함되어 있어 활용도가 좀 더 높다. 하지만 동일한 모델명의 천정프리즘인 경우 31.7mm 제품보다 50.8mm 제품이 비싸고 크고 무겁기 때문에 향후 망원경의 업그레이드를 고려한다면 50.8mm를, 50.8mm 아이피스가 없거나 앞으로도 쓸 일이 없을 경우에는 31.7mm를 선택한다.

천정미러 중에서 SCT 전용으로 나오는 제품도 있으며, SCT의 뒷면에 있는 나사식

천정미러가 없다면 이런 종류의 망원경을 사용하기가 참 힘들었을 것이다.

접안부에 바로 연결할 수 있도록 되어 있다. 순수하게 SCT 전용으로 나온 제품도 있지만, SCT용 어댑터만 제거하면 다른 종류의 망원경에도 연결할 수 있는 제품도 있다. SCT 한 종류의 망원경만 사용한다면 모르겠지만, 여러 종류의 망원경을 가지고 있거나 그럴 계획이라면 SCT 전용보다는 일반적인 형태의 천정미러를 구입하는 것이 경제적이고 편리하다.

천정미러의 변형으로 플립미러(Flip Mirror)라는 것이 있다. 거울의 각도를 45도 및 0도로 조절할 수 있어 망원경에서 들어오는 빛의 경로를 90도 꺾어주거나 그대로 직진시킬 수 있게 되어 있다. 따라서 한쪽 접안부에는 고배율, 다른 쪽에는 중저배율 아이피스를 꽂아놓고 사용하거나, 한쪽에는 아이피스, 다른 쪽에는 행성용 카메라를 설치하여 카메라 화각 안에 촬영하고자 하는 행성을 보다 쉽게 넣는 식으로 응용이 가능하다.

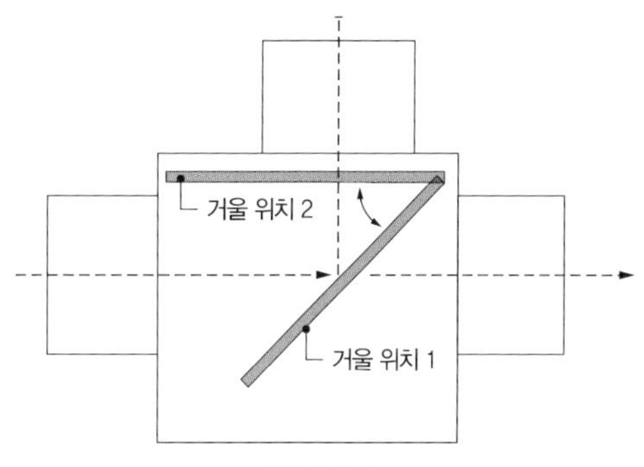


3-33 플립미러의 구조

천정미러는 아니지만 45도 기울어진 정립 프리즘도 있다. 천정미러나 프리즘이 빛의 경로를 90도 틀어주는 것에 비해 45도 정립 프리즘은 말 그대로 경로를 45도만 틀어주기 때문에 고도가 높은 곳에 있는 별을 볼 때는 불편하다. 하지만 정립상, 즉 상하좌우가 뒤집히지 않은, 눈으로 보는 것

3-34 거울을 위치 1에 두느냐, 2에 두느냐에 따라 빛의 방향이 바뀌게 되며, 다양한 용도로 응용이 가능하다.

과 동일한 상을 보여주기 때문에 천체망원경으로 지상관측을 할 때 유용하다.

**필터**(Filter)

빛의 특정한 파장만 걸러서 볼 수 있도록 해주는 장치를 필터라 한다. 용도에 따라 안시관측용 필터와 사진용 필터로 구분할 수 있다. 안시관측용 필터의 경우, 행성을 볼 때 목성의 줄무늬나 화성의 극관을 보다 선명하게 볼 수 있게 해준다. 또 성운을 더 잘 보이게 해주기도 하고, 광해가 있는 지역의 밝은 하늘을 조금 더 어둡게 해주는 역할을 하기도 한다. 용도에 따라 활용할 수 있도록 다양한 종류의 필터가 준비되어 있다.

사진용 필터의 경우 흑백 CCD 카메라로 천체사진 촬영 시 컬러 정보를 얻기 위해 사용하는 빨강(R), 녹색(G), 파랑색(B)의 필터는 물론 가시광선 영역만 통과시켜주는 UV-IR 차단 필터, 성운에서 많이 나오는 빛의 파장만 통과시키는 Hα 필터 등 매우 다양하다. 천체사진 전용 카메라의 경우 컬러 필터 휠에 필터를 부착하고 각각의 파장대 별로 촬영하여 합치는 방식으로 컬러 영상을 만들기 때문에 필터 휠에 부착할 수 있는 형태의 필터를 사용하게 된다.

필터는 안시뿐만 아니라 사진용으로도 사용되는 만큼 다양한 규격이 존재하지만, 안시용 필터는 아이피스에 장착될 수 있도록 31.7mm와 50.8mm 규격으로 나온다. 행성 촬영용 카메라는 아이피스용 필터와 같은 규격을 사용하는 것도 가능하다.

필터의 규격이 아이피스에 맞게 나오기 때문에 아이피스 별로 필터를 구매할 필요

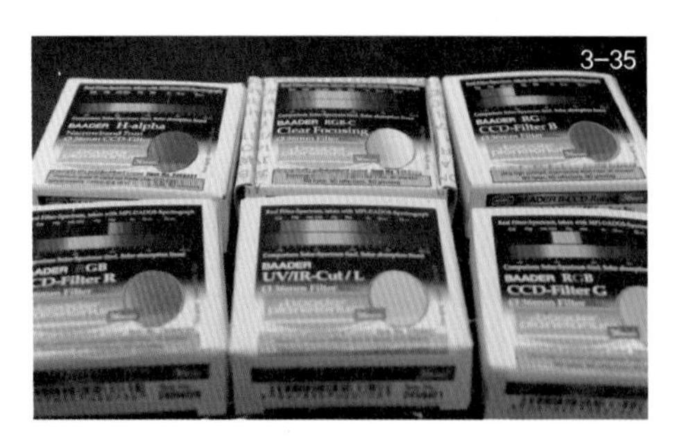

다양한 종류의 천문용 필터. CCD 카메라용(3-35)과 안시관측 및 행성 촬영용(3-36)으로 구분할 수 있다.

3-37 컬러 필터 휠(Filter Wheel)에 장착한 냉각 CCD 카메라용 필터의 모습. 특정한 색상을 흡수하는 것이 아니라 반사시키는 원리의 반사형 필터이기 때문에 색상이 조금 독특하다.

3-38 31.7mm 규격 필터의 예. 사진의 필터는 독일 바더 플라네타리움(Baader Planotarium)의 세미-아포(Semi-Apo) 필터로, 아포크로매트 굴절망원경의 색수차를 줄여주면서 콘트라스트를 강하게 해주는 효과가 있다.

가 없다. 단, 배율을 조절하기 위해 아이피스를 교체할 때 필터를 계속 사용하려면 기존의 아이피스에서 필터를 제거하고 새로 장착할 아이피스에 부착해야 하는 번거로움이 있다. 하지만 필터를 아이피스 앞에 있는 천정프리즘에 설치하면 이 아이피스에서 저 아이피스로 필터를 옮기지 않고 편안하게 배율을 조절할 수 있다. 또 보다 손쉽게 다양할 필터를 사용하고자 한다면 필터 슬라이더를 사용하는 것이 좋다.

천체사진용으로 나온 31.7mm 필터도 있다. 주로 이미지 센서가 작은 행성촬영용 카메라에 대응하기 위해서 나오는데, 예를 들어 상을 흐리게 만드는 적외선과 자외선을 차단하거나(컬러 카메라용) 혹은 선명도에 영향을 주는 시상

필터는 아이피스에 장착하는 것이 기본이지만(3-39), 천정프리즘에도 부착이 가능하다(3-40).

(Seeing)의 영향을 덜 받는 적색에서 근적외선 파장만 통과시키는 필터(흑백 카메라용) 등도 있다. 다양한 필터 중 어떤 것이 자신에게 유용할지 잘 생각해보자.

### 주요 필터 소개

#### 색상 필터

다양한 색상의 행성 및 달 관측용 필터. 특정한 색상을 강조하거나 차단함으로써 목성의 줄무늬나 대적반, 화성의 극관을 더욱 진하게 볼 수 있으며, 이밖에 다양한 효과를 볼 수 있다. 빨강, 노랑, 주황, 초록, 파랑 등 다양한 색상의 필터가 있으며, 세트로 구매해서 사용하면 편리하다.

#### 편광 필터

2장의 편광판을 이용. 각 편광판 사이의 각도를 움직여 아이피스에 도달하는 빛의 양을 조절할 수 있게 되어 있다. 색상에는 영향을 미치지 않으며 밝기만 조절하기 때문에 대구경 망원경에서 달빛을 적당히 조절할 때 사용하면 편리하다. 망원경을 통과하는 빛의 양을 조절할 수 있는 것은 맞지만, 그렇다고 해서 이 필터로 태양을 볼 수 있는 것은 아니니 주의하자.

#### ND 필터 (혹은 문필터)

Neutral Density 필터. 색상에 영향을 주지 않으면서 빛의 양을 줄여준다. 달을 보았을 때 눈이 부시도록 밝은 경우 ND 필터가 필수적이다. 특히 8인치 이상의 망원경 사용자에게 추천한다.

#### 태양 필터

망원경이나 아이피스 설명서에 나와 있듯이 태양은 너무 밝기 때문에 망원경을 통해 직접 태양을 보게 되면 눈을 다치거나 실명할 수 있다. 따라서 빛을 많이 차단할 필요가 있다. 태양빛을 적

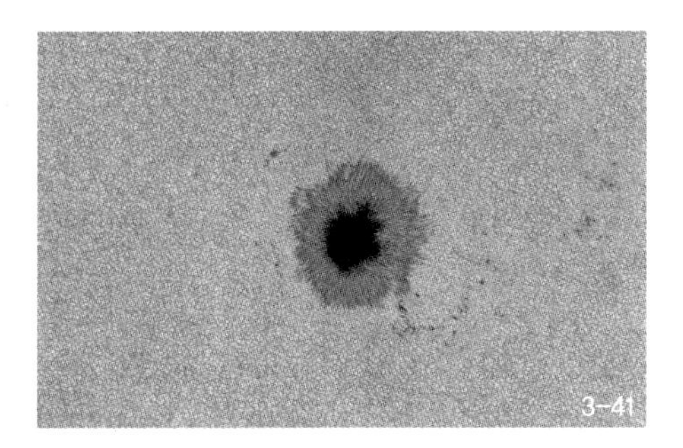

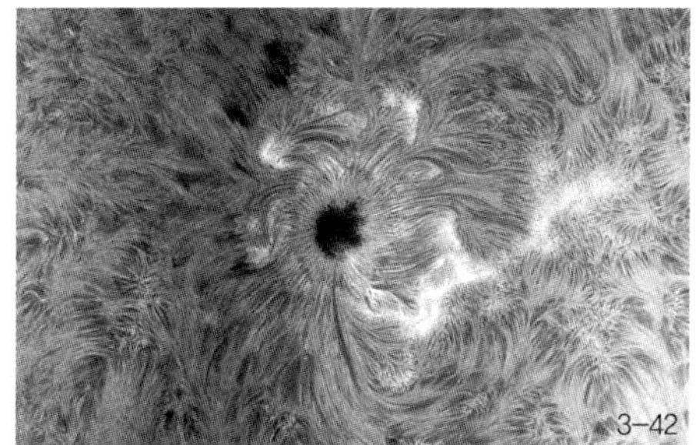


같은 날, 같은 시각에 촬영한 동일한 흑점의 모습. 3-41은 일반 태양 필터, 3-42는 태양 전용 Hα 필터를 이용하여 촬영한 사진이다. 같은 태양이지만 필터에 따라서 보이는 모습이 완연히 다르다. (사진 제공 : NADA 김영렬 님)

당히 차단하기 위해서는 전용 필터가 필요하다. 과거(1990년대 이전)에는 아이피스 쪽에 부착하는 형태의 태양 필터를 주로 사용했지만, 태양열에 의해 깨지는 경우가 있어 위험하기 때문에 최근에는 얇은 은박지 형태로 되어 망원경의 앞쪽에 부착하는 필터가 주로 쓰인다.

태양 필터를 사용하면 흑점이나 쌀알무늬 등을 관찰할 수 있다. 하지만 홍염이나 플레어를 보는 것은 불가능하며, 이를 위해서는 태양 관측용 Hα 필터가 필요하다. 매우 비싸지만 태양의 독특한 모습을 보고 싶다면 투자해볼 만한 아이템이다.

### UHC 필터, 스카이 글로우(Skyglow) 필터

광해 필터. 가로등에서 나오는 빛과 달빛 등을 차단하고 성운에서 주로 나오는 Hα, Hβ, O-Ⅲ 대역의 파장을 투과시키기 때문에 성운 관측 및 사진촬영시 사용하면 효과적이다. UHC 필터와 스카이글로우 필터는 거의 유사한 특성을 가지고 있지만 UHC 필터의 투과 대역이 조금 더 좁다.

### O-Ⅲ 필터

O-Ⅲ 대역의 빛만 투과하는 필터. 주로 초신성 폭발 잔해 혹은 행성상 성운 관찰용으로 사용한다. 투과되는 빛의 대역폭이 좁아 많이 어두워지는 만큼 제조사에서는 6인치급 이상의 망원경에서 사용할 것을 권장하고 있다.

### Hα 필터

성운 촬영용 필터. 안시관측에는 효과가 없다. 아주 좁은 대역폭의 빛만 투과시키기 때문에 광해를 일으키는 각종 인공광은 물론 달빛도 차단되어 도시 지역이나 달이 밝은 날 촬영할 때 유용하다. 흑백 냉각 CCD 카메라에는 거의 필수적인 필터라 할 수 있다. 참고로 태양용 Hα 필터와는 투과되는 대역폭에 차이가 있기 때문에(태양용의 대역폭이 훨씬 좁음) 성운 사진촬영용 Hα 필터를 태양 관측에 절대로 사용해서는 안된다.

*참고 : Hα를 입력하기 어려워서 보통 Ha로 적기도 하지만 읽을 때는 "에이치 알파"라고 읽어야 한다. "하"라고 읽는 것은 잘못된 것이다.

### Hβ 필터

말머리 성운을 망원경으로 직접 보고 싶다면 반드시 필요한 필터. 사진용으로는 성운 촬영에 사용할 수 있지만 안시관측은 거의 말머리 성운용이라 해도 과언이 아니다. 하지만 아무 망원경에 부착한다고 보이는 것은 아니고, 아주 어두운 곳에서 10인치 이상의 망원경을 사용해도 보일까 말까 한 정도라 할 수 있다.

### 프린지킬러 필터(Fringe Killer Filter), 세미아포 필터(Semi APO Filter)

아크로매트 굴절망원경의 색수차 파장대를 걸러 색수차를 줄여주는 필터. 아크로 굴절을 아포크로매틱 굴절망원경처럼 만들어주지는 않지만 어느 정도 효과는 있다. 단, 색 밸런스가 조금 이상하게 된다는 점은 유의하자. 세미아포 필터의 경우 프린지킬러 필터와 광해 필터를 합쳐놓은 형태이다.

CHAPTER 4

# 망원경의 용도별 분류

앞에서 망원경의 구조나 형태에 따라 크게 굴절망원경, 반사망원경, 카타디옵트릭 망원경의 3가지로 나뉜다는 것을 알아보았다. 하지만 구조뿐만 아니라 용도에 따라서도 망원경을 나눠볼 수 있다.

## 주 망원경(주경)

전체적인 망원경 시스템에서 으뜸이 되는 망원경을 주 망원경이라고 한다. 어떤 망원경이든지 주 망원경이 될 수 있지만, 보통은 망원경 시스템에서 가장 큰 것이 주 망원경이 된다.

## 파인더

주 망원경은 배율이 높아서 우리가 보고자 하는 대상을 찾기가 쉽지 않다. 실제로 최저 배율의 접안렌즈를 설치해놓고 달을 시야 안에 집어넣으려 하면 정말 쉽지 않다. 이런 불편함을 해소해주는 것이 바로 파인더이다(Finder, 무언가 찾아주는 기구라는 의미). 파인더는 크게 저배율의 작은 망원경 형태를 갖춘 파인더 스코프(Finder scope, 이하 파인더)와 배율은 없지만 붉은색 점이나 원 등으로 망원경이 향하는 위치를 알려주는 등배 파인더로 구분할 수 있다.

크기나 형식에 따라 여러가지 형태의 파인더가 나와 있지만, 가장 흔한 것은 구경 50~60mm짜리 굴절망원경으로, 보통 7배에서 10배 정도의 배율을 가지고 있다. 파인더에는 십자선이 있는 아이피스가 장착되어 있어 이를 들여다봤을 때 화각을 가로지르는 십자선을 볼 수 있다. 이 십자선을 활용해서 망원경이 원하는 방향이나 천체

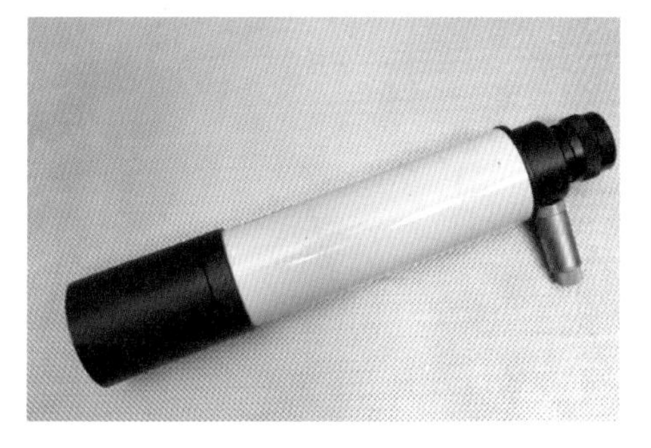

4-1 파인더

4-2 등배 파인더

4-3 암시야 조명 장치를 부착한 파인더의 모습

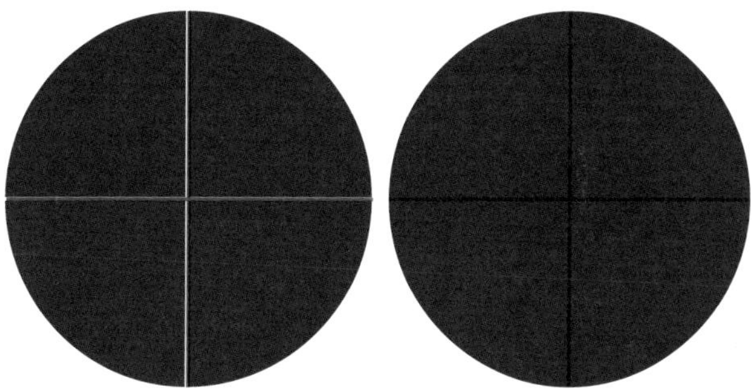

4-4 하늘이 어두운 곳에서는 검은색 십자선이 잘 보이지 않지만(오른쪽), 암시야 조명 장치에 불이 들어오면 십자선이 붉은색으로 빛나 보다 편하게 망원경의 방향을 잡아줄 수 있게 된다.

를 향하고 있는지 확인하고 망원경의 방향을 조정하게 된다(이를 위해서는 주 망원경과 파인더가 바라보는 방향을 일치시키는 파인더 정렬 과정이 필요하다. 여기에 대해서는 〈10장 장비의 설치와 활용법〉에서 자세히 설명한다).

파인더의 십자선은 검은색이다. 하늘이 아주 어두워 관측 조건이 좋은 곳에서는 십자선이 잘 보이지 않기 때문에 정확히 어디를 향하고 있는지 알기 어렵다. 이런 불편함을 해소하기 위해 붉은색의 조명을 장치한 제품도 있다. 조명을 켜면 성상에는 영향을 주지 않고 오로지 십자선만 붉은색으로 보이기 때문에 아주 편리하게 파인더를 활용할 수 있다.

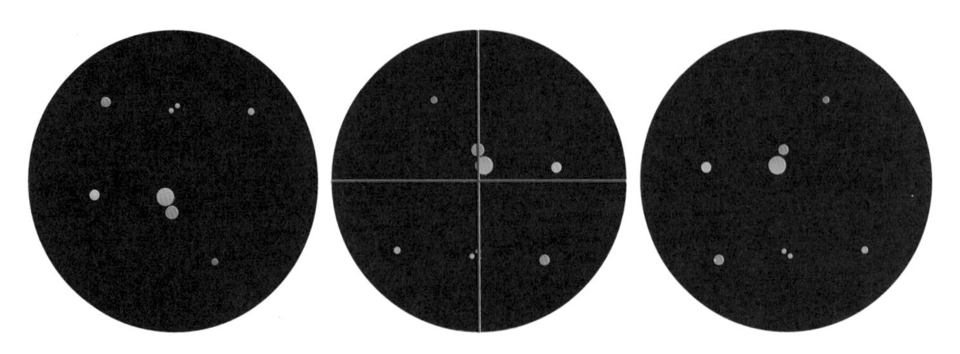

4–5 실제 별의 위치가 왼쪽의 그림과 같을 때 정립상 파인더의 경우 실제 별의 위치와 동일하게 나타나며, 일반 파인더의 경우 가운데 그림과 같이 상하좌우가 반대인 도립상을 보여준다. 천정프리즘이 있는 파인더의 경우 오른쪽 그림과 같이 도립상에서 좌우 반전된 형태로 보이게 된다.

파인더의 접안부도 다양해서 망원경과 같이 도립상을 보는 기본적인 제품이 있는가 하면, 우리 눈으로 보는 것과 같이 상하좌우가 뒤집히지 않은 정립상을 보여주는 파인더도 있다. 또한 천정프리즘이 장착되어 있어 보다 편한 자세로 파인더를 들여다볼 수 있는 제품도 있다.

사실 주 망원경이 보여주는 상과 일치되면 좋지만 경우에 따라서는 파인더와 망원경이 보여주는 모습이 서로 뒤집혀 있기도 하다. 예를 들어 굴절망원경에 천정프리즘을 장착하여 사용하는데 파인더는 일반적인 일자 형태를 띠고 있다면 망원경에서 보이는 모습과 파인더에서 보이는 모습이 좌우 대칭이 되어 일치하지 않게 된다. 물론 익숙해지면 상관없다.

어느 쪽을 선택하든 '취향'과 '편리함'의 문제이다.

도립상을 정립상으로 만들기 위해서는 파인더 안쪽에 광학 부품이 추가적으로 들어가야 하는데, 아무래도 이에 따른 광량의 손실이 생긴다. 미약한 정도지만 가급적이면 많은 빛이 눈으로 들어와야 별이 하나라도 많이 보인다. 굴절망원경이나 카세그레인 계열의 망원경도 역시 기본적으로는 도립상을 보여주지만 대부분 천정미러를 장착하고 사용하며, 거울에 의해 반사된 빛은 좌우가 바뀌어 보이기 때문에 도립상 파인더와는 다른 모습을 보게 된다. 이런 경우, 천정프리즘이 있는 파인더를 사용하면 주 망원경과 파인더의 상이 같아지기 때문에 편리하지만, 그냥 맨눈으로 볼 때와 파인더를 볼 때 눈의 방향이 다르기 때문에 성도를 보면서 관측 대상을 찾아가는 스타 호핑을 하려면 상당한 집중력이 필요하다.

등배 파인더의 경우 렌즈로 빛을 모아서 보여주는 것이 아니라 마치 항공기나 자동차에 장착되어 있는 HUD(Head Up Display)처럼 작은 점이나 동심원, 십자 등을 앞쪽에 있는 유리에 쏘아서 사용하는 형태의 파인더이다. 확대 개념이 없기 때문에 등배 파인더(Dot finder, Reticle finder 등 제품에 따라 다양한 표현이 있다)라고 한다.

배율이 없어서 어쩐지 사용이 쉬울 것 같지만, 막상 사용해보면 밝은 별 이외에는 잘 보이지 않기 때문에 광학식 파인더의 보조용으로는 괜찮지만 그 대용으로는 그다

4-6 등배 파인더의 십자선은 사진처럼 저 멀리 둥둥 떠 있는 듯한 느낌을 준다.

지 권하고 싶지 않다. 또한 도시 지역에서 관측을 하는 경우 어두운 대상을 찾아보기가 불편하다.

파인더가 제 기능을 하기 위해서는 파인더와 주 망원경의 방향이 정확히 일치해야 한다. 따라서 파인더의 방향을 조금씩 조절할 수 있는 장치가 필요한데, 이를 파인더 브라켓이라고 한다.

파인더 브라켓은 기본적으로 6개 혹은 3개의 나사로 파인더를 고정하며, 이 나사를 조절하여 파인더가 향하는 방향을 맞출 수 있다. 그런데 이러한 제품은 나사가 120도 각도로 배열(사진 4-10)되어 있어 초보자가 파인더를 원하는 쪽으로 움직이는 것이 쉽지 않다. 물론 금방 익숙해지니 겁먹을 필요는 없다. 한 번 조정해서 잠금 너트로 잘

4-7 파인더 브라켓

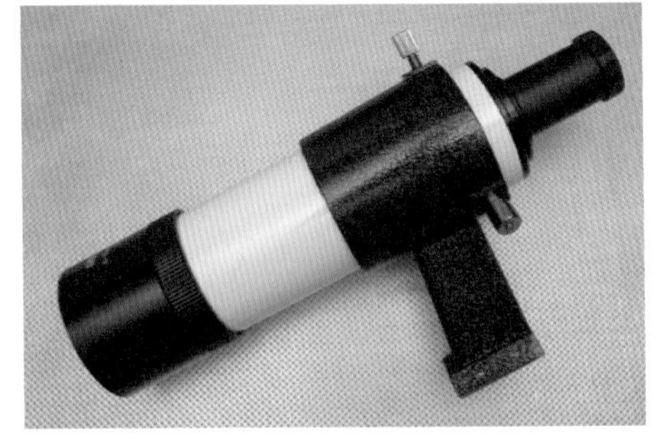

4-8 파인더를 연결한 모습

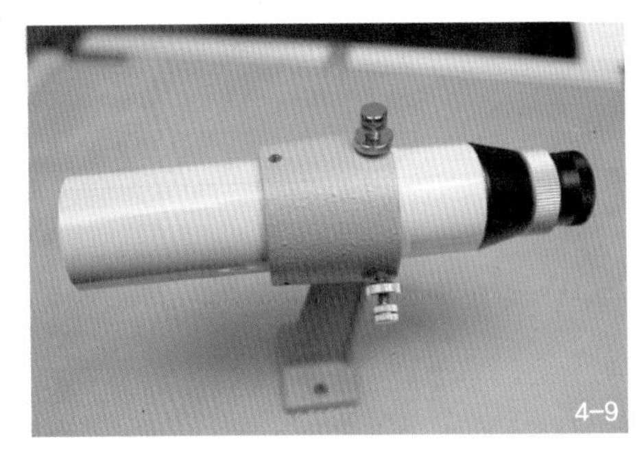

4-9와 같은 형식의 파인더 브라켓은 3개 혹은 6개의 나사를 이용하여 파인더의 방향을 조정하며, 파인더 위치 조정 후 볼트 아래에 달린 너트를 조이면 단단하게 고정되어 파인더의 방향이 거의 변하지 않는다.

4-11

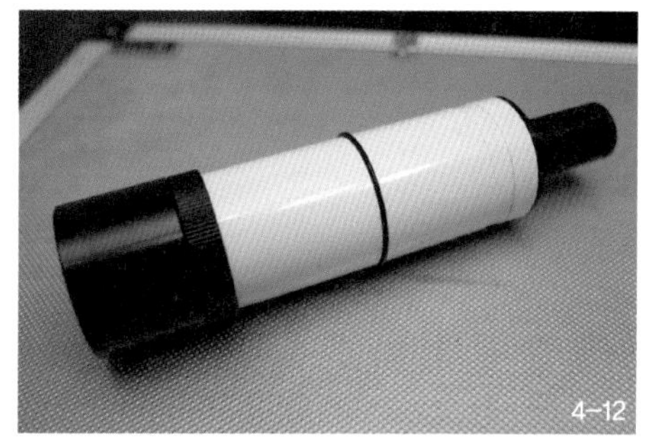

4-12

사진 4-11의 왼쪽 아래에 있는 부품에 스프링이 들어 있어 파인더를 밀어주며, 수직으로 배치되어 있는 2개의 나사로 파인더의 방향을 조절한다. 파인더와 브라켓이 닿는 부분에는 4-12와 같이 고무링이 위치한다.

고정해놓으면 파인더의 위치가 고정된 상태로 오래 유지되기 때문에 관측지에 나갈 때마다 파인더의 방향을 조절할 필요가 거의 없다는 장점이 있다. 물론 점검을 한 번씩 하는 것은 기본이다.

스프링 타입의 브라켓은 이보다 더 직관적이다. 두 개의 나사가 90도 각도로 배열되어 있고 ,이 두 개의 나사 반대쪽에는 스프링이 내장된 피스톤을 장착하여 파인더를 밀어주는 구조로 되어 있다. 단 두 개의 나사만를 이용하여 파인더를 움직이기 때문에 파인더 정렬이 매우 쉽나는 장점이 있지만, 오랫동안 사용하다 보면 파인더 앞쪽에 장착하는 고무링이 부식되어 끊어지기도 하고 피스톤 안쪽에 들어 있는 스프링에 탄력이 줄어들기도 한다. 이렇게 파인더 정렬이 잘 흐트러지기 때문에 매번 관측지에 나갈 때마다 파인더 정렬을 다시 해야 한다.

파인더는 주 망원경에 붙어 있는 파인더 베이스를 통해 장착한다. 파인더 베이스와 주 망원경을 어떻게 연결하느냐에 따라 몇 가지 타입이 존재하는데, 가장 흔히 볼 수 있는 것이 빅센(Vixen, 일본의 천체망원경 브랜드) 타입이다. 파인더 베이스에 사다리꼴 홈이 파져 있고 이곳에 파인더 브라켓을 넣은 후 나사로 고정하는 방식으로, 빅센 제품뿐만 아니라 중국산 망원경에도 널리 적용되어 있다(나사로 간단하게 체결하는 방식을 퀵 릴

4-13 빅센 타입 브라켓

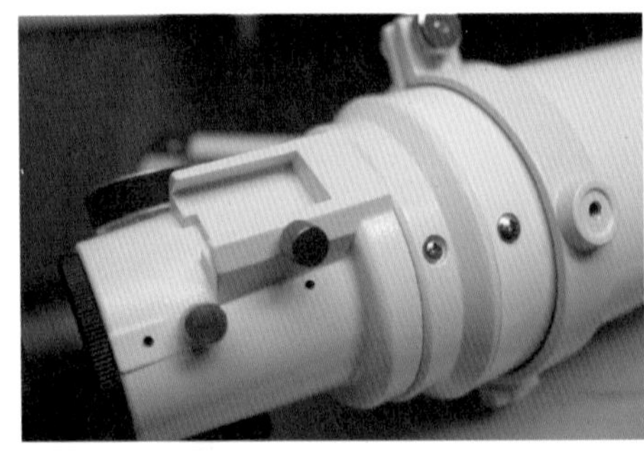

4-14 파인더 베이스

4-15 파인더 브라켓을 베이스에 밀어넣고 나사 하나만 잠그면 고정된다.

4-16 빅센 타입은 호환성이 넓어 다양한 제품을 번갈아가면서 장착할 수 있다.

리즈 파인더 브라켓[Quick Release Finder Bracket]이라고 한다).

따라서 주 망원경에 빅센 타입의 파인더 베이스가 장착되어 있다면 빅센 타입의 파인더 브라켓이 장착된 여러 종류의 파인더를 손쉽게 교체해서 사용할 수 있으며, 주 망원경에서 파인더를 쉽게 분리할 수 있어 이동 및 보관 시 편리하다. 빅센 타입 외에도 다양한 종류의 파인더 베이스 형식이 존재하기 때문에 본인의 망원경은 어떤 타입인지 한번 알아보도록 하자.

퀵 릴리즈 파인더 브라켓과 정반대인 것이 타카하시(Takahashi[高橋製作所], 일본의 망원경 브랜드)라고 할 수 있다. 파인더 브라켓을 경통에 나사로 연결하기 때문에(사진 4-9, 4-10) 한번 고정해놓으면 풀기가 쉽지 않다(사실 "쉽지 않다"보다는 "귀찮다"라고 하는 것이 더

## 파인더 초점 조절 방법

4-17

1. 십자선의 초점을 조절할 수 있는 파인더의 경우 십자선이 가정 선명하게 보일 때까지 아이피스의 조첨을 맞춘다. 이때 멀리 보이는 별의 초점은 신경 쓰지 않도록 한다. 십자선에 대한 초점을 조절할 수 없는 파인더의 경우 바로 다음 단계를 진행한다.

4-18

2. 대물렌즈를 고정하고 있는 고정링을 풀어준다. 일부 파인더의 경우 고정링이 측면에 있는 작은 나사로 고정되어 있는데 이를 살짝 풀어준다.

4-19

3. 아이피스를 들여다보면서 별이 선명하게 보일 때까지 대물렌즈 뭉치를 초점이 맞는 방향으로 돌려준다.

4-20

4. 초점이 맞았으면 고정링을 잠근다. 고정링 측면에 고정나사가 있는 제품의 경우 고정나사를 조여준다.

맞는 표현이다). 따라서 망원경을 조립하거나 분해할 때 번거로우며 케이스도 좀더 큰 것이 필요하게 된다. 하지만 단단히 고정된 상태가 유지된다는 장점이 있다.

보통 망원경을 처음 구입해서 별을 보러 밖으로 나갈 때 파인더의 초점에는 신경 쓰지 않고 원래 있던 그대로 사용하는 경우를 종종 본다. 심지어 초보를 막 벗어난 후에도 파인더에 초점 조절 기능이 있는지 모르거나 엉뚱한 곳을 이용해 초점을 조절하려 시도하는 모습도 보았다.

사실, 설명서에도 잘 나와 있지 않는 내용이다. 파인더의 초점을 맞추는 방법은 망원경과는 조금 다르다. 별도의 포커서가 없기 때문에 대체로 파인더의 주경을 움직여 초점을 맞추게 된다. 그 방법은 123페이지와 같다. 이때 **반드시 야외에서 별을 보며** 실시하도록 한다.

## 극축 망원경(Polar scope)

극축 망원경에 대한 내용은 〈2장 가대와 삼각대〉 편에서 이미 자세히 다룬 바 있다. 적도의를 제대로 사용하기 위해서는 적도의의 적경축이 천구의 북극(혹은 남극)을 정

4-21 넓게 봤을 때 멀쩡해 보이는 사진이라도 가이드가 잘못되었다면, 확대해서 보았을 때 오른쪽과 같이 별이 늘어진다.

확히 향하도록 해야 한다. 그냥 감으로 적도의의 방향을 정하는 것은 별로 의미가 없으며, 나침반을 이용해볼 수도 있겠지만 정확도가 많이 떨어진다. 정밀하게 적도의의 적경축과 천구의 북극을 일치시키기(이 과정을 극축 맞추기라고 한다) 위해서는 보조 장비가 필요한데, 그 대표가 극축 망원경(이하 극망)이다. 극망은 적도의의 극축을 맞추기 위한 전용 제품이기 때문에 이 이외의 다른 용도로는 사용할 수 없다.

## 가이드 망원경(Guide scope)

적도의를 작동시키면 모터가 돌아가면서 망원경이 관측자가 지정한 별을 계속 따라가기 시작한다. 따라서 적도의에 얹은 망원경으로 안시 관측을 할 경우 망원경 시야 안에 내가 보고자 하는 천체가 계속 머물러 있게 되어 망원경의 방향에 신경 쓸 필요 없이 편안하게 관측할 수 있다. 극축만 잘 맞아 있으면 별 문제가 없다. 하지만 사실 깊이 들어가보면 적도의의 기어에서 발생하는 주기오차(PE, Periodic Error)로 인해 별이 미세하게 왔다 갔다 움직인다. 눈으로 봤을 때는 잘 모르지만(고배율의 행성 관측 등에서는 보인다) 사진의 경우에는 이게 큰 문제가 된다.

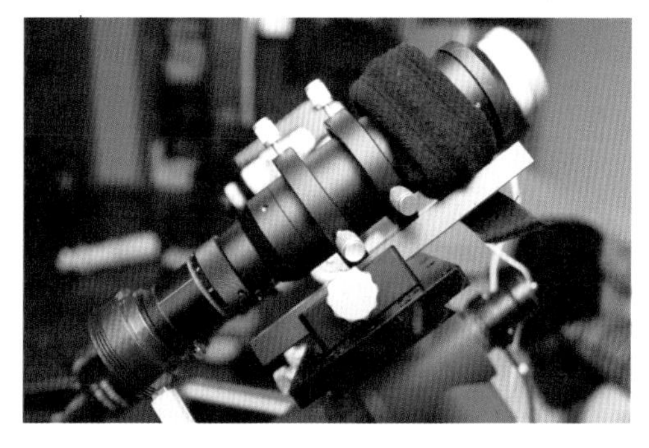

4-22 필자가 사용 중인 구경 50mm짜리 가이드 망원경. 사진 왼쪽 아래의 빨간색 장비는 가이드용 카메라이다. 가이드를 하기 위한 별을 보다 쉽게 찾을 수 있도록 가이드 망원경의 방향을 조금씩 조절해야 하는 경우가 있는데, 이를 위해 가이드 망원경을 지지하고 있는 6개의 나사를 이용하여 필요에 따라 방향을 조정한다.

별이 사진에 점으로 나타나는 게 아니라 짧은 선으로 촬영되기 때문이다. 따라서 이런 주기 오차를 잡아주기 위해 적도의에 주 망원경 이외의 별도의 망원경을 설치하고 여기에 작은 카메라를 장착해 가대에서 발생하는 오차를 관찰하고 자동적으로 수정하도록, 즉 경우에 따라 가대를 조금 더 빨리 혹은 느리게 움직이도록 하는데 이를 오토가이드(Auto Guide)라고 하며, 오토가이드 시에 사용하는 망원경을 가이드 망원경(Guide Scope)이라고 한다. 가이드 망원경은 사실 어떤 형식의 망원경을 사용해도 상관없지만 대체로 소형 굴절망원경을 많이 이용한다.

CHAPTER 5

# 관측지 매너

어디를 가든지 매너를 지키는 것은 기본 중의 기본이다. 별동네에서는 특히 더 중요하다. 서로 간에 지키는 작은 예절이 보다 즐거운 관측이 되도록 해주기 때문이다. 어떤 것을 지켜야 할지 몰라서 옆사람을 방해한다면 그런 민폐가 또 없지 않을까? 이번 장에서는 관측지에서 어떤 것을 지켜야 할지 알아보자.

## 암적응을 깨지 않도록 불빛을 조심하자

깊은 밤, 은하수가 머리 위에 떠 있고 별똥별이 지나가는데, 순간 망원경에 보이는 희미한 은하의 빛 한 조각. 아, 찾았다! 하지만 옆사람이 쏜 손전등 한 방에 이 모든 것이 시야에서 사라져버릴 수 있다. 한참 별을 보고 있는데 관측지에 차가 헤드라이트, 그것도 상향등을 켠 채 들어오는 순간 그 불빛을 딱 마주치면…. 한밤중에 국도변에서 차와 마주친 고라니도 이런 느낌이 들까?

사람의 눈이 어둠에 익숙해지는 데는 시간이 조금 걸린다. 이 과정을 암적응이라고 한다. 암적응은 눈에서 자극을 느끼는 두 개의 세포, 즉 원추세포와 간상세포 중에서 어두운 곳에 민감하게 작용하는 간상세포를 활성화시키는 과정이라고 할 수 있다. 암적응이 안 된 상태에서는 별이 몇 개 보이지 않지만 암적응이 완료되면 수많은 별과 은하수가 한눈에 들어온다. 따라서 암적응이 된 상태와 안 된 상태에서 보이는 밤하늘의 모습은 완전히 다르다.

문제는 시간이다. 암적응이 완전히 되는 데는 30분 이상의 시간이 필요하지만, 눈에 밝은 빛이 들어온 순간 암적응은 순식간에 깨져버린다. 따라서 관측지에 들어갈 때 차량의 헤드라이트 때문에 다른 천문인들이 피해를 입지 않도록 각별히 조심해야 한다. 마찬가지로 손전등을 사용할 때도 신경을 써야 한다.

하지만 암적응 때문에 불빛을 전혀 사용하지 못한다면 별보기가 정말 힘들 것이다.

아이피스 하나 교체하려고 해도 더듬거리다 떨어뜨릴지도 모르니 말이다.

한 가지 다행인 점은 너무 밝지 않은 붉은 빛을 사용하면 암적응 상태가 유지된다는 것이다. 따라서 관측지에서는 붉은색 손전등을 사용하는 것이 좋다. 노트북 PC를 사용하는 경우에는 화면에 붉은색 셀로판지를 부착하거나 천문 관련 소프트웨어에서 나이트비전 모드를 켜서 화면이 붉은색으로 나오도록 하면 암적응을 유지하는 데 도움이 된다(미국 천문잡지 〈Sky & Telescope〉 2019년 7월호 기사에 의하면 붉은색보다는 오렌지색이 더 효과적이라고 한다).

휴대폰 불빛은 가장 어둡게 해놓아도 생각보다 밝다. 극장에서 앞쪽 좌석에 있는 관람객이 휴대폰 화면을 보면 눈에 아주 거슬리는 것과 비슷한 이치이다. 관측지에서 전화를 쓰고 싶으면 화면 밝기를 미리 최소화해놓도록 하자. 가장 어둡게 해놓아도 핸드폰 화면을 충분히 볼 수 있다.

## 가능하면 해 지기 전 관측지에 도착할 것

해가 신 뒤 관측지에 도착하면 장비 세팅하느라 불을 켤 수밖에 없고, 이로 인해 먼저 와 있는 사람들에게 피해를 주게 된다. 따라서 가급적이면 해 지기 전에 도착해서 차도 한 잔 하며 여유 있게 장비를 설치하는 것이 본인도 편하고 주변에 피해를 주지 않는다. 그렇다고 한낮에 장비를 설치하면 망원경에 직사광선이 닿게 되어 온도가 올라가 냉각하는 데 시간이 오래 걸리기 때문에 해 질 무렵에 설치하는 것이 좋다.

## 레이저와 손전등을 주의해서 쓰자

역시 빛과 관련된 이야기. 별자리를 가르쳐주기 위해 초록색 레이저 포인터(일명 별 지시기라고도 한다)나 밝은 손전등을 사용하는 경우가 있다. 공공 천문대나 천체관측을 교육하는 곳이라면 당연히 사용할 수 있는 장비이기 때문에 뭐라고 나무랄 수 없으며 오히려 당연하다. 하지만 일반적인 관측 장소라면 조금 자제하는 것이 좋다. 누군가 사진을 촬영하고 있다면 레이저나 손전등의 빛줄기가 사진을 망칠 수 있기 때문이다. 반드시 별 지시기를 사용해야 하는 상황이라면 주변에 사진 찍는 사람이 있는지, 있다면 그 망원경은 어느 쪽을 향하고 있는지 한 번쯤 살펴보고 사용하도록 하자.

## 차량의 불빛을 조심하자

밤에 관측지에 도착하게 된다면, 헤드라이트가 먼저 와 있는 사람들에게 피해를 주게 된다. 하지만 헤드라이트를 끄고 달릴 수도 없는 일이다. 무엇보다 안전이 가장 중요하기 때문이다. 예전에는 헤드라이트 다 끄고 비상 깜빡이만 켠 상태로 관측지에 진입하기도 했는데, 요즘 나오는 차량들은 주간 주행등이 기본적으로 켜진 상태로 있기 때문에 완전히 소등하는 것이 불가능하다. 차라리 주간 주행등을 켠 상태로 빨리 주차한 뒤에 차량의 시동을 끄는 것이 좋을 것 같다. 관측지 주변에서는 절대로 상향등을 켜지 않도록 하자.

## 남의 장비는 남의 장비다

별지기들은 보통 인심이 좋아서 누가 옆에서 한번 보여달라고 하면 잘 보여준다. 필자 역시 누군가가 보여달라고 하거나 알려달라고 하면 부탁을 잘 들어주는 편이다. 하지만 간혹 남의 망원경을 거칠게 다루는 경우도 있고, 망원경으로 다른 것을 보여달라고 조르는 경우도 종종 있다. 망원경은 망원경 주인의 것이고 보여줄지 말지를 결정하는 것도 주인의 몫이다. 망원경을 얻어 보는 것은 혜택이지 권리가 아니다.

남의 망원경을 구경할 때는 절대 먼저 손대지 않도록 하자. 주인에게 우선 허락을 얻은 후 아이피스에 눈만 살짝 가져다 댄다. 그러면 대체로 친절하고 착한 별지기들은 이러저러하게 작동해보라고 알려줄 것이다.

아이피스와 같은 액세서리를 테스트 목적 등으로 친한 사람에게 빌려 쓰게 되는 경우가 종종 있다. 빌려 쓸 땐 내 것처럼 소중히 다루고, 혹시나 떨어뜨렸거나 파손시켰을 때는 새로 사주는 것이 좋다. 충격받은 광학기기는 이상이 발생할 가능성이 높다. 그만큼 다른 사람의 장비를 빌려 쓸 때는 내 것보다 더 소중히 다뤄야 한다.

## 내가 왔던 흔적을 남기지 말자

관측지는 모두를 위한 장소이다. 그리고 계속 사용할 수 있어야 한다. 하지만 지저분하게 사용하거나 기물을 파손한다면 계속 사용할 수 없게 될지도 모를 일이다. 그 땅 주인이나 관리인이 별 보는 사람들의 입장을 금지시켜버릴 수도 있기 때문이다. 또한 다음에 오는 사람들이 눈살을 찌푸릴 수도 있을 것이다. 비단 관측 장소에만 국한된 이야기가 아니다. 소풍을 가든 캠핑을 가든 마찬가지일 것이다.

관측을 마치고 집으로 돌아갈 때는 내가 왔던 흔적이 남지 않도록 깨끗이 정리를 하

자. 쓰레기도 비닐에 모아 한쪽에 쌓아두는 것으로 끝내지 말고 집으로 가져가 처리하는 것이 좋다. 자리를 정리하면서 혹시나 바닥에 떨어진 부품은 없는지 잘 살피자.

## 흡연은 자제하되, 불가피하다면 피해 주지 않도록…

예전에는 관측지에 흡연자들이 많았는데, 지금은 흡연이 하나의 사회악처럼 되어 버렸다. 혼자 피우는 것이야 어쩔 수 없지만, 여러 사람이 있을 경우엔 가급적 자제하는 것이 자신뿐 아니라 주위 사람들의 건강에도 도움이 될 것이다. 또한 남의 소중한 장비에 담배연기가 달라붙으면 그것도 짜증나는 일이 될 것이다.

꼭 피우고 싶다면, 바람이 부는 방향을 고려해서 다른 이들에게 피해가 가지 않도록 하는 것이 매너가 아닐까 싶다. 참고로, 2019년 현재 한 갑에 4500원인 담뱃값을 매일 아껴 모은다면 1년 후에는 약 164만 원이라는 거금이 된다. 금연과 함께 장비 업그레이드가 가능하게 되는 것이다.

CHAPTER 6

# 나는 어느 길로 갈 것인가?

아마추어 천문에도 여러 분야가 있다.

장비를 처음으로 구입하는 경우라면 망원경의 작동법이나 원리를 이해하고 쉽게 찾아볼 수 있는 달과 행성, 그리고 밝은 성운, 성단, 은하 몇 가지를 찾아볼 수 있는 제품을 선택하면 되지만, 이 정도의 수준을 넘으면 고성능과 고가의 장비가 필요하다. 망원경이라는 물건이 워낙 고가라 보다 효율적인 활용을 위해서는 천체관측을 어디까지 할지 목표를 정하고, 그 목표에 도달하기 위해 필요한 최적의 제품을 고르는 것이 좋다.

필자가 생각하는 아마추어 천문 분야는 다음 도표와 같다.

아마추어 천문가들의 분야는 망원경을 통해 눈으로 천체를 보는 안시, 카메라를 통해 밤하늘을 기록하는 사진, 그리고 관측보다 장비에 관심이 많은 장비 마니아 등으로 나눠볼 수 있다.

## 안시관측

안시관측은 말 그대로 망원경을 통해 눈으로 천체를 보는 것을 의미한다. 망원경으로 직접 행성이나 딥스카이 천체를 보면서 신비로움을 느낄 수 있다. 여기에서 좀 더 나아가면 스케치라는 형태의 기록을 하기도 한다(스케치에 대해서 보다 자세한 내용을 알고 싶으면 『별보기의 즐거움』(조강욱, 들메나무 2017) 참고). 19세기 방식의 천체관측법이라고 생각할 수도 있겠지만, 사진으로 발견하지 못한 것들을 안시관측으로 찾아내고 이를 스케치로 남긴 사례도 있다.

안시관측으로 유명한 스티븐 오메라(Stephan J. O'meara)는 1977년 토성 고리에 빗살무늬가 있는 것을 관측하고 보고했지만 1980년에 탐사선 보이저 1호가 목성에서

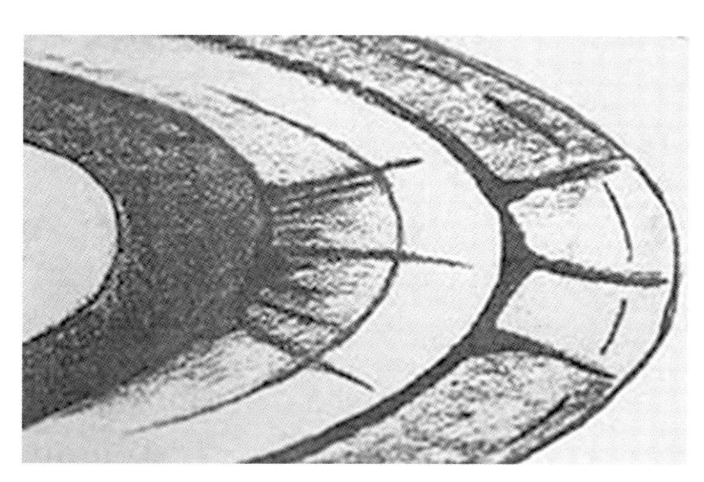

6-1 스티븐 오메라의 스케치 (Stephan J. O'meara 제공)

6-2 보이저 1호의 사진(NASA/JPL)

그 무늬를 확인하기 전까지는 아무도 확신하지 못했다. 당시 천체사진 기술이 있었음에도 말이다.

유명한 혜성도 안시관측으로 발견했는데, 1990년대 중반에 유명했던 헤일 밥 혜성(Comet Hale-Bopp)의 경우 앨런 헤일과 토머스 밥이 별도로 발견했다. 둘 다 구상성단 M70을 보고 있던 와중에 새로운 천체가 있음을 확인했다. 심지어 토머스 밥은 망원경도 없이 친구의 망원경을 들여다보다가 M70 옆에 못 보던 천체가 있음을 확인했다. 이와 비슷한 시기에 등장한 하쿠다케 혜성은 6인치 쌍안경으로 발견했다. 이렇게 무심히 지나칠 수 있는 요소를 놓치지 않고 잡아내려면 대단한 내공이 필요하다. 은하수를 배경으로 둥둥 떠 있는 구상성단 옆에 새로운 천체가 나타났다는 것을 알아채는 데는 오랜 관측 경험과 뛰어난 기억력, 그리고 끊임없는 의심이 필요하다.

## 천체사진

과학 사진의 한 분야인 천체사진은 원래 과학적인 현상을 기록하여 분석하기 위해 존재한다. 눈은 들어오는 빛을 순간적으로 인식하지만, 사진은 축적한 빛을 보여준다. 그렇기 때문에 인간의 눈으로 보이지 않는 딥스카이 천체의 모습을 정확하고 아름답게 표현할 수 있다. 또한 공기의 흐름 속에서 일렁이는 행성의 모습을 눈으로 보는 것보다 선명하게 포착하는 것도 가능하다.

취미활동이라는 것은 원래 즐거움을 위한 것이다. 즐거움을 추구하다 보면 가끔은 보기 좋은 사진을 찍게 되기도 한다. 필자의 TSA-102 굴절망원경으로 촬영한 성운(6-3)과 달 표면(6-4) 사진.

물론 시간 투자와 운이 따른다면 행성 표면의 변화를 기록하는 것은 물론, 무언가가 행성 표면에 충돌하는 장면을 발견하게 될지도 모른다. 아마추어의 경우 과학적인 연구 목적보다는 주로 사진촬영의 재미도 느끼면서 아름다운 밤하늘의 예술적인 표현에 주안점을 두고 사진을 찍는다.

천체관측을 통해 아름다운 사진을 찍는 것뿐만 아니라, 이 사진으로 소행성이나 혜성, 초신성 등과 같은 신 천체를 발견하기도 한다. 또한 변광성 관찰 등 과학 연구의 목적으로도 별지기들이 천체사진을 이용한다. 인류의 지식 범위를 넓히는 데 공헌할 수 있는 매우 의미 있는 작업이지만, 국내의 경우 신 천체 탐사를 목적으로 사진을 찍는 별지기는 거의 찾아볼 수 없다. 노동시간이 길어 저녁마다 여유를 내기도 힘들겠지만, 무엇보다 날씨의 영향이 가장 큰 이유일 것이다.

신 천체 탐사를 위해서는 매일매일 비슷한 곳을 촬영하고 비교해야 하는데, 하루 이틀 반짝 맑았다가 흐리고 비가 오며 미세먼지가 많은 우리나라 환경에서는 이런 일을 하기가 쉽지 않다. 게다가 일반의 관심도 적어서 혜성을 발견해도 언론에 보도도 잘 되지 않는다. 참으로 안타까운 일이다(참고로, 국내에서 발견한 최초의 혜성은 이대암 님이 2009년에 발견한 Yi-SWAN 혜성(C/2009 F6)이다).

6-5 천체사진을 찍고 싶다면 화려한 장비보다는 일단 간단한 촬영 장비로 시작해보는 것이 좋다. 연식이 조금 있는 카메라라면 중고로 저렴하게 구입이 가능하다. 여기에 삼각대를 추가하면 간단한 천체 사진을 찍을 수 있다. 사진은 캐논의 EOS M 제품.

천체사진을 촬영한다고 무작정 장비를 구입해서는 안된다. 천체 사진 촬영은 생각보다 과정이 복잡하기 때문에 사진에 대한 기초 지식을 가지고 시작하는 것이 좋다. 취미로 사진을 배운 사람들이 천체사진에 빠르게 적응하는 모습을 자주 봐왔다. 사진을 하고자 한다면 최소한 노출에 관련된 개념 정도는 알고 시작하는 것이 좋다.

또한 사진은 장비의 성능이 상당히 중요하지만 고급 장비일수록 다루는 것이 쉽지 않기 때문에 처음부터 너무 고급 장비로 시작하면 장비만 만지작거리다 어느새 해가 떠오르는 것을 보게 될지도 모른다. 따라서 처음에는 간단한 장비로 시작해서 촬영 기법과 후반 작업에 대해 익혀가면서 장비를 업그레이드해 나가는 것이 바람직하다. 좋은 장비로 한 방에 가라는 조언도 있지만, 조금 해보다 재미를 느끼지 못하면 제대로 사용도 못해보고 중고로 팔아버리는 경우도 있어 이럴 땐 금전적인 손실도 이만저만이 아니다.

## 장비 마니아

망원경을 사진을 찍거나 밤하늘을 보는 도구로 사용하는 별지기가 대부분이지만, 아주 드물게 장비 수집 및 리뷰를 작성하는 데 주로 시간을 보내거나 스스로 자작을 하는 별지기들도 있다. 필자의 경우도 대외적으로는 사진을 주로 한다고 말하고 다니지만, 실제로는 장비를 수집하고 평가하는 데 더 많은 시간을 할애하고 있다. 수집이라 해도 실제로 사용할 장비를 사 모으고 사용기나 개봉기를 써보는 것이 전부이다.

본격적으로 수집을 한다면 최신 장비나 20세기 말에 제작된 독일이나 일본의 명기를 구입하기보다는, 18세기나 19세기에 만든 역사적인 제품을 수집하는 것도 의미 있을 것 같다. 실제 경매로 유명한 소더비(Sotheby's)의 홈페이지에 들어가서 telescope로 검색해보면 과거 광학 선진국이었던 영국산 굴절망원경이나 프랑스산 반사망원경을 찾아볼 수 있다.

필요한 것이 있을 때 스스로 만들어 해결하는 자작파도 존재한다. 자작파 중에서도 여러 분파가 있다. 일부는 미러와 포커서 정도는 구입하고 나머지는 직접 만든다. 보통은 돕소니언 망원경을 제작할 때 이런 방식으로 자작을 한다. 미러를 직접 가공하는 것도 가능하다. 동그란 평면 유리 두 장을 준비하여 아래쪽 유리를 고정하고 두 유리 사이에 연마용 모래(연마사[研磨砂])를 넣어 위쪽 유리를 정해진 규칙에 맞춰(사실은 불규칙하게 움직이는 것을 지속적으로 유지하게 하기 위한 규칙적인 움직임이랄까) 계속 움직여주면 아래쪽 유리는 볼록하게, 위쪽 유리는 오목하게 가공된다.

단계별로 점점 더 고운 모래를 이용하여 가공한 다음, 송진과 아스팔트를 이용한 피치판을 만들어 광택을 낸다. 이렇게 설명하면 쉬워 보이지만 높은 정밀도를 얻기 위해서는 중간중간 다양한 테스트를 거치며 여러 번 수정해야 한다. 마지막으로 알루미늄이나 은으로 코팅을 하여 반사경을 완성한다.

직접 만들면 기성품보다 저렴하지 않을까 하는 생각으로 시도해볼 수 있지만, 사실

6-6 미러 제작자 한승환 님의 12인치 돌 커크햄 반사경 제작 과정 일부. 왼쪽 사진은 광택을 내기 전 반사경의 모습이며, 오른쪽 사진은 미러의 정밀도 측정 테스트를 하기 위해 반사경을 고정시켜놓은 모습이다. (사진 제공 : NADA 한승환 님)

생각보다 재료비도 비싸고 엄청난 시간과 노력을 투자해야 제대로 만들 수 있는 게 이 분야의 특성이다. 비용 절감을 위해 자작하겠다는 생각이라면 바로 망원경 가게 홈페이지를 찾아보는 것이 시간과 비용을 절약하는 지름길이다. 하지만 본인의 노력과 정성이 들어간 미러가 퍼스트 라이트(First light, 새 망원경으로 처음 별을 보는 것)에서 원하는 성능을 보여준다면 엄청난 성취감을 느낄 수 있을 것 같기는 하다.

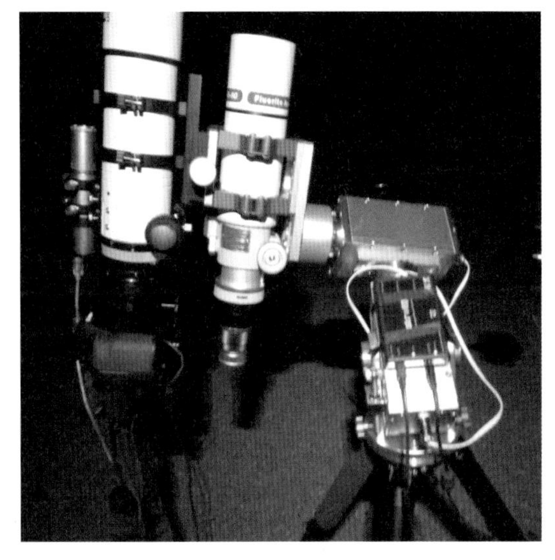

6-7 아마추어 천문가 김광욱 님의 자작 하모닉 드라이브 적도의. (사진 제공 : NADA 김광욱 님)

광학계뿐만 아니라 적도의도 자작이 가능하다. 적도의의 핵심 부품인 휠기어와 웜기어 세트는 기성품을 구매할 수 있으며, 여기에 적당한 모터와 제어회로를 만들어 붙이면 적도의가 된다. 최근에는 하모닉 기어를 이용하여 보다 손쉽게 자작을 하기도 한다. 하지만 이렇게 하기 위해서는 전자공학과 기계공학에 관한 지식이 어느 정도는 필요하며, 설계를 위해서는 도면을 그리는 방법을 익혀야 한다. 금속가공은 장비와 기술이 없으면 직접 할 수 없기 때문에 믿을 만한 가공업체에 맡겨서 작업한다.

자작 중에서 가장 규모가 큰 것은 역시 건물, 즉 천문대를 만드는 일이다. 처음에 작은 장비로 별지기 생활을 시작하다가 장비가 점점 커지면 큰 차로 바꾸고, 이마저도 힘들면 고정 관측지의 필요성을 느끼게 된다. 이 시점이 되면 개인 천문대를 하나 갖고 싶어진다.

우리가 흔히 천문대 하면 떠올리는 둥근 모양의 돔(Dome)은 개인이 직접 만드는 것이 어렵지만, 지붕이 옆으로 움직이는 슬라이딩 돔은 자작을 하는 경우도 종종 있다. 물론 건축업체의 도움 없이 모든 것을 혼자 다 할 수는 없지만, 아이디어를 건축업체에 자세히 전달하여 원하는 기능을 갖추도록 건축하는 것이 어려운 일만은 아니다. 실제로 필자의 동호회 회원들 중에는 개인 천문대를 보유하고 있는 경우도 있으며, 필자 역시 언젠가는 이를 한 채 지어 운영하는 것이 꿈이다.

지금까지 여러가지 아마추어 천문 분야에 대해 간단히 알아보았다. 사실 이중에서 한 분야만 하는 사람은 거의 없을 것이다. 안시를 하면서 사진을 찍을 수도 있고, 자작을 하면서 사진을 찍을 수도 있기 때문이다. 즉, 활동의 비중이 다른 것이다. 필자의 경우 안시 5%, 사진 15%, 나머지는 장비 마니아가 아닌가 생각한다. 꼭 한쪽에만 치우칠 필요도 없지만, 어느 방향으로 가겠다는 마음을 먹으면 어떤 장비를 선택할 것인가에 대한 고민을 해결하는 데 도움이 된다. 어떤 장비가 나에게 적합할지에 대해서는 〈8장 처음 구입하는 망원경〉에서 알아보도록 한다.

CHAPTER 7

# 쌍안경도 훌륭하다

어떤 계기가 되었던 간에 천문에 관심을 가지게 되었다면 천체망원경이 가지고 싶어 지는 것이 당연하다. 생긴 것도 물론 멋지지만, 한 대 가지고 있으면 인터넷이나 잡지에서 보는 천체사진과 같은 모습의 딥스카이 천체를 만날 수 있을 것이라는 기대 때문일 것이다.

어느 정도 망원경을 접해본 별지기라면 바로 좋은 망원경을 구매해도 상관없겠지만 별자리도, 밝은 별의 이름도 잘 모르는 상황에서 망원경을 구입하면 바로 비싼 장식품으로 전락할 수 있다. 달이나 몇몇 행성들을 제외하고는 찾기가 어려울 뿐만 아니라, 자동으로 천체를 찾아주는 GOTO 기능이 있는 망원경을 사용하더라도 별 이름과 위치를 잘 모른다면 장비 설치 시에 필수적으로 진행해야 하는 얼라인먼트(Alignment, 망원경이 현재 향하고 있는 방향과 가대의 좌표값을 일치시켜주는 작업)를 진행할 수 없기 때문이다. 이런 상태에서 망원경을 만지면 밤새 고생만 하다가 좌절하기 십상이다.

그렇다면 그냥 밤하늘을 간단하게 훑어보면서 편하게 즐길 수 있는 관측기구는 없는 것일까? 쌍안경이 그 정답에 가장 가깝지 않을까 싶다. 복잡한 장치가 없이 간단히 손에 들고

7-1 천체망원경을 한번 사용하려면 사진과 같이 많은 짐을 들고 나가야 한다. 맨 아래부터 8인치 경통, 아이피스 가방, 적도의 케이스, 액세서리 케이스, 카메라 케이스이며, 여기에 삼각대는 별도이다. 하지만 쌍안경을 사용한다면 사진의 맨 위에 있는 작은 기구 하나만 들고 나가면 되니 참 간단하고 편리하다.

별을 볼 수 있어 어디든, 언제든 가지고 갈 수 있으며, 상하좌우가 뒤집어지지 않은 도립상을 양 눈으로 보기 때문에 편안하다. 게다가 가격도 천체망원경에 비하면 저렴하다(물론 어느 아이템이든 마찬가지겠지만 고가 제품도 존재한다). 운 좋으면 집 안 어딘가에 굴러다니는 쌍안경을 찾을 수도 있다는 장점도 있다.

쌍안경은 간단하게 들고 나갈 수 있다는 매력이 있다. 천체망원경을 한번 가지고 나가려면 경통은 물론 가대, 삼각대, 아이피스 가방, 배터리 등등 챙겨야 할 것이 너무 많다. 그뿐인가. 관측 장소에 도착해서도 조립하느라 많은 노력과 시간을 들여야 한다. 하지만 작은 쌍안경이라면 이것저것 준비할 것도 없이 그냥 들고 나가서 보면 그만이다.

어쩌면 별을 보기엔 부족한 듯 보이는 쌍안경이지만, 막상 쌍안경으로 밤하늘을 보면 천체망원경과는 다른 느낌의 우주를 느낄 수 있다. 은하수의 모습을 볼 수도 있고, 산개성단을 우주에 둥둥 떠 있는 느낌으로 볼 수도 있으며, 이중성이나 작은 성군(星群, asterism)을 찾아보는 재미도 쏠쏠하다. 또 망원경의 보조 역할로도 활용할 수 있는 장비가 쌍안경이다.

## 쌍안경의 종류

쌍안경은 일종의 굴절망원경이다(반사식도 아주 가끔 찾아볼 수 있지만 대체로 자작품이므로 논외로 하자). 보통의 굴절망원경은 상하좌우가 뒤집힌 도립상으로 상이 보이지만, 쌍안경은 눈으로 보이는 것과 동일한 정립상을 보여준다. 그 이유는 렌즈와 아이피스 중간에 프리즘이 들어 있어 원래 뒤집혀 보여야 하는 것이 똑바로 보일 수 있도록 돌려주기 때문이다.

쌍안경은 어떤 모양의 프리즘을 사용하느냐에 따라 포로(Porro) 프리즘 쌍안경과

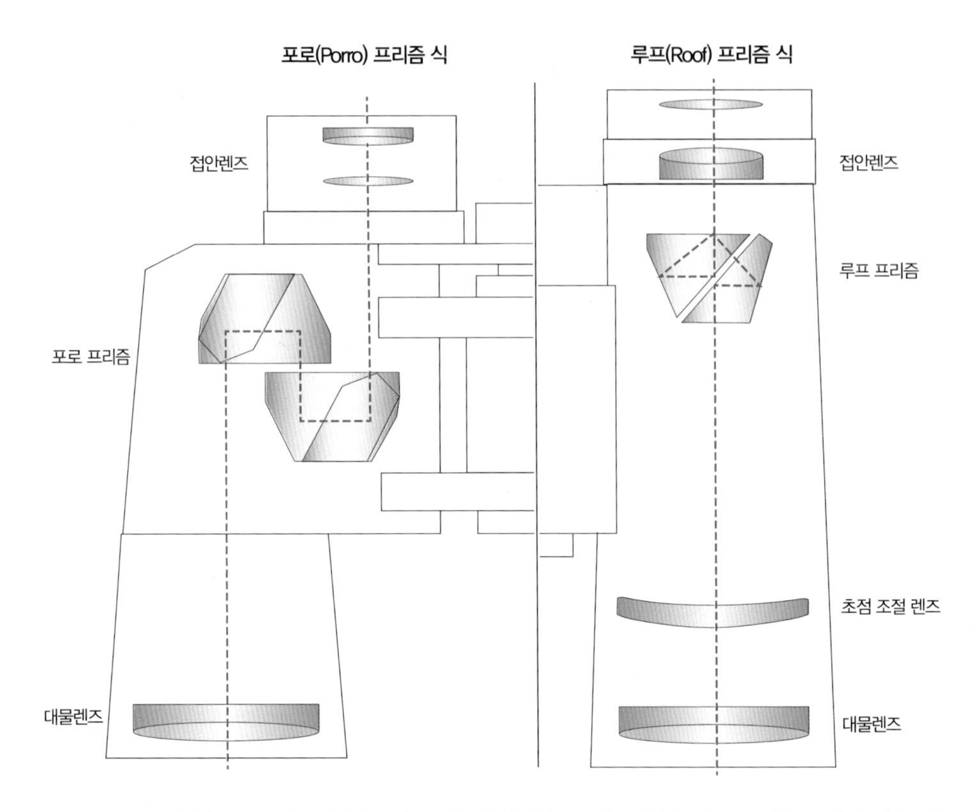


7-2 포로 프리즘 방식은 루프 프리즘 방식에 비해 구성이 간단하지만 부피가 크다. 반면 루프 프리즘 방식은 구경에 비해 콤팩트하게 제작이 가능하지만 내부 구성이 복잡하다.

루프(Roof, 혹은 다하[Dach]) 프리즘 쌍안경으로 나뉜다. 그림 7-2의 왼쪽과 같은 형식을 포로 프리즘 방식이라고 한다. 직각 프리즘 2개를 교차시켜 상을 상하좌우 대칭으로 변환한다. 비교적 구조가 간단하기 때문에 널리 사용되는 형식이다. 루프 프리즘 방식에 비해 전체적인 덩치가 크고 무겁지만 가격이 상대적으로 저렴하며 대구경으로도 제작이 가능하다.

반면 루프 프리즘 방식 쌍안경의 경우 포로 프리즘 방식 쌍안경에 비해 조금 더 복잡한 구조의 프리즘을 이용하여 정립상을 만든다. 하지만 구조상 대물렌즈를 빠져나온 빛이 프리즘을 통과하면서 두 갈래로 갈라졌다가(위상차가 발생한다고 표현한다) 다시 합쳐지는데, 이때 두 개의 광로가 서로 간섭을 일으키면서 콘트라스트가 저하되며 화질이 나빠진다. 이 문제를 해결하기 위해 프리즘에 특수 코팅(위상 코팅이라고 한다)을 적용하여 콘트라스트가 저하되는 것을 방지한다.

포로 프리즘 쌍안경에는 이런 현상이 발생하지 않기 때문에 위상 코팅을 적용하지 않는다. 포로 프리즘 식 쌍안경에 비해 루프 프리즘 식 쌍안경은 크기가 작아 손에 쥐기 쉽다는 장점이 있지만 가격은 상대적으로 비싸다.

천체망원경이 한 개의 경통으로 구성되는 것에 비해 쌍안경은 프리즘을 이용해 생성된 정립상을 두 개의 경통을 이용해서 보게 된다. 사람이 입체감을 느끼는 이유는 두 개의 눈에서 보는 상이 조금씩 다르며 이 차이점을 뇌에서 해석하기 때문이다. 때문에 한쪽 눈을 감고 걷거나 계단을 오르는 것은 상당히 어렵다. VR기기나 렌티큘러, 매직아이 등과 같이 두 눈으로 들어가는 빛의 모양을 약간 다르게 해서 입체감을 느끼게 하는 것을 주위에서 쉽게 볼 수 있다.

쌍안경도 두 눈을 활용해서 보기 때문에 입체감을 상당히 느낄 수 있다. 특히 지상에 있는 풍경을 볼 때 좌우 상의 차이에 심도 차이까지 더해진다. 하지만 천체관측의 경우 워낙 멀리 있는 대상을 보는 것이며 이로 인해 양쪽 경통에서 만든 상의 차이가 거의 없기 때문에 극적인 입체감을 느끼기는 어렵지만, 밝으면서도 독특한 그 특유의 느낌은 작은 쌍안경에서도 충분히 느껴볼 수 있다.

## 배율과 구경, 사출동공

쌍안경을 구입할 때 제품 사양에 나와 있는 여러가지 내용들을 종합적으로 검토해 봐야겠지만, 수많은 사양 중에서 가장 중요한 요소는 바로 구경과 배율이다. 쌍안경

7-3 쌍안경에 표시되어 있는 10x50은 10배율, 구경 50mm라는 의미이다. 6.5도는 이 쌍안경의 실시야각을 의미한다.

7-4 구경 50mm 쌍안경과 80mm 쌍안경의 크기 비교. 부피도 그렇지만 무게 차이도 상당하다. 50mm 이상의 쌍안경으로 별을 보기 위해서는 삼각대가 거의 필수적이다.

7-5 쌍안경의 배율과 구경에 따라 사출동공 지름에 차이가 있다. 사출동공 지름이 너무 크면 손해다.

의 외관을 살펴보면 7x50이나 10x50과 같은 숫자가 표시되어 있는데, 첫 번째 숫자는 배율, 두 번째 숫자는 대물렌즈의 구경을 의미한다. 즉, 10x50으로 표기되어 있는 쌍안경이라면 구경 50mm에 10배율의 사양을 가지고 있는 것이다.

천체망원경은 접안렌즈를 교체함으로써 배율 조절이 가능하지만, 천체관측용 대형 제품을 제외한 대부분의 쌍안경은 배율이 고정되어 있다(물론 줌[zoom] 기능이 있는 쌍안경도 간혹 찾아볼 수 있다).

배율이 높으면 높을수록 밤하늘의 배경이 어두워져 딥스카이 천체를 보는 데 유리하다. 또한 가까이 붙어 있는 이중성도 보다 잘 볼 수 있고, 달 표면의 크레이터나 목성의 위성을 보는 데도 유리하다. 하지만 흔들림 때문에 손으로 들고 보기는 어렵다. 작은 손떨림도 더 크게 보이게 되어 별이 작은 점으로 보이는 것이 아니라 흔들림에 따라 궤적으로 나타나기 때문에 천체의 상세한 모습을 보는 것이 매우 어려워진다.

일반적인 천체망원경과 마찬가지로 쌍안경도 역시 구경이 크면 클수록 빛을 더 잘 받아들여 보다 더 어두운 천체를 볼 수 있게 된다. 하지만 구경이 클수록 쌍안경이 전반적으로 크고 무거워지기 때문에 무조건 큰 것이 좋다고 할 수만은 없다. 어느 정도의 배율과 구경이 적당한지는 관측자의 취향이나 숙련도에 따라 다르다.

구경과 배율은 사출동공(exit pupil) 값을 결정한다. 사출동공이란 접안렌즈에서 나오는 빛다발의 지름을 의미한다(사출동공에 관해서는 〈3장 아이피스〉에서 이미 다룬 바 있다).

사출동공 지름은 대물렌즈의 지름을 배율로 나누면 구할 수 있다. 예를 들어 지름 50mm에 배율이 10배인 쌍안경의 경우 사출동공 지름은 5mm가 된다. 사출동공 지름이 작은 것은 괜찮은데 너무 크면 문제가 된다. 왜냐하면 대물렌즈에서 애써 모은 빛이 눈으로 온전히 들어가지 못하고 일부는 낭비되기 때문이다. 아주 어두운 곳에서 사람 눈의 동공은 7mm까지 벌어지고, 나이가 들면 5mm 정도로 줄어든다고 한다(물론 사람마다 개인차가 있다). 그런데 예를 들어 어떤 쌍안경의 사출동공 지름이 9mm라고 한다면 빛의 상당량이 눈 안으로 들어가지 못하고 버려지게 되므로 효율적이지 못하다. 따라서 구경 대비 배율이 낮아서 사출동공 지름이 너무 낮은 제품은 피하는 것이 좋다.

## 어떤 쌍안경이 좋은 제품일까?

과거 쌍안경 관련 책을 보면 주로 10x50이나 7x50 제품을 추천하는 경우가 많다. 어느 정도 공감하지만, 쌍안경의 가격이 예전에 비해 많이 낮아졌고 그만큼 선택지가 많아졌기 때문에 단순하게 '초보자에게는 뭐가 좋습니다'라고 말하는 것은 합리적이지 않다. 쌍안경을 어떻게 고정해서 볼 것인지, 어떤 취향인지, 그리고 숙련도는 어느 정도인지가 쌍안경을 선택함에 있어서 더 중요한 요소라고 본다.

주로 손으로 들고 보는 경우라면 전통적인 추천 제품인 10x50이나 7x50 규격의 포로 프리즘을 이용한 쌍안경이 적당하다. 이보다 배율이 높으면 손으로 들고 보기는 거의 불가능하며 반드시 삼각대를 사용해야 한다. 물론 손이 좀 작은 편이거나 보다 가벼운 것을 원한다면 루프 프리즘을 이용한 제품이나 40mm급의 포로 프리즘 제품도 괜찮은 선택이다. 이때 구경이 작아질수록 어두워진다는 점은 인식하고 있어야 한다. 30mm대는 구경이 너무 작아서, 손떨림 방지 기능이 있는 쌍안경이 아니라면 천체관측용으로는 권하고 싶지 않다.

간단하게 들고 다니면서 편하게 보려면 손떨림 방지 장치(IS, Image Stabilizer)가 장착된 쌍안경이 편리하다. 삼각대 없이 IS 단추를 누른 채로 보기만 해도 상이 매우 안정적이기 때문에 별이 점으로 깔끔하게 떨어지며, 삼각대에 물려 있는 것이 아니기 때문에 밤하늘의 어느 곳이든 자유롭게 볼 수 있다. 필자도 하나 가지고 있는데, 손떨림에 신경을 쓸 필요도 없을 뿐더러 별상도 상당히 날카롭다. 물론 이런 편리함을 위해서는 비싼 가격을 지불해야 한다.

7-6 삼각대에 얹은 10x50 쌍안경의 모습. 작은 쌍안경이라도 삼각대에 올려서 보면 흔들림이 없어져 보다 선명한 이미지를 볼 수 있게 된다.

7-7 포로 프리즘 방식 쌍안경에 손 떨림 방지 장치를 장착하여 삼각대 없이도 사용하기 좋은 제품. 가격은 매우 비싸지만 가치는 충분하다.

7-8 50mm급을 넘어가는 대형 쌍안경은 크고 무거우며 배율도 상대적으로 높은 편이라 삼각대 사용이 필수적이다. 사진은 20x80 쌍안경.

삼각대에 얹어서 사용할 계획이라면 가지고 있는 삼각대가 버틸 수 있는 무게와 예산 안에서 큰 것을 고르는 것이 좋다. 어차피 50mm보다 대물렌즈 지름이 큰 제품이라면 손에 들고 보기는 불가능하며, 손으로 들고 보는 것을 포기할 거라면 렌즈 지름이 큰 것이 빛을 모으는 데 유리하기 때문이다. 물론 가격도 같이 올라간다. 일부 대형 쌍안경은 접안부가 45도 혹은 90도 기울어져 있다. 굴절망원경에서 사용하는 천정프리즘과 같은 개념이다. 고도가 높은 곳에 있는 천체를 볼 때 직선으로 되어 있는 대구경 쌍안경의 경우 삼각대를 아주 높이 올리거나 허리를 한참 숙여야 쌍안경을 들여다볼 수 있는 자세가 나오기 때문에 튼튼하고 무거운 삼각대를 사용하거나 아니면 허리 통증을 감수해야 한다.

일반적인 망원경의 아이피스와 마찬가지로 쌍안경에 있어서 시야 및 아이 릴리프가 중요한 선택 요소가 된다. 쌍안경의 화각은 보통 50~60도 내외인 경우가 많은데 이보다 좁으면 아무래도 보기에 답답한 느낌이 난다. 안경을 착용하는 경우에는 아이 릴리프도 상당히 중요한 요소가 된다. 아이 릴리프가 짧으면 안경을 벗고 쌍안경을 들여다보다가 맨눈으로 밤하늘이나 성도를 보려면 다시 안경을 껴야 한다. 하지만 쌍안경 접안렌즈의 시야각과 아이 릴리프는 트레이드 오프 관계에 있어서 시야가 넓은 제품, 특히 보급형일수록 아이 릴리프가 짧은 경우가 많다.

천체망원경은 다양한 아이피스 중에서 마음에 드는 것을 고를 수도 있고 교체할 수 있지만, 쌍안경은 아이피스가 고정되어 있기 때문에 제품의 제원표를 신중하게 살펴봐야 한다. 아이피스 자체의 화질도 중요하다. 쌍안경으로 밤하늘을 보았을 때 중심부는 잘 보이지만 주변부로 갈수록 별상이 찌그러지는 것도 있고 왜곡이 나타나는 제품도 있다. 하지만 메이커에서는 이런 부분에 대해서 언급하지 않기 때문에 실제로 써보고 판단하는 수밖에 없다. 미국의 경우 써보고 마음에 들지 않으면 환불이 가능하지만 우리나라는 일단 개봉을 하면 환불이 되지 않는 경우가 대부분이기 때문에(이런 부분에 대해서는 법이 바뀌어야 한다) 다른 사용자의 리뷰를 통해 판단하는 수밖에 없다.

굴절 광학계 제품에는 코팅이 되어 있다. 렌즈로 들어온 빛 중에서 일부는 반사 및 흡수되어 전체적인 광량이 줄어들게 된다. 이를 방지하기 위해 렌즈 위에 얇은 막을 씌우는 코팅을 하게 된다. 쌍안경의 사양표 혹은 외관을 보면 MC나 FMC 등으로 표기된 기호가 있다. MC는 멀티 코팅(Multi Coated), FMC는 풀리 멀티 코팅(Fully Multi Coated)이 적용되었음을 의미한다. 멀티 코팅은 다층막 코팅을 렌즈의 일부분에만 적용한 것을 의미하며, 풀리 멀티 코팅은 렌즈를 포함한 모든 광학면에 다층 코팅을 했음을 의미한다. 당연히 MC보다는 FMC가 빛의 투과성이 좋아 손실이 적다.

프리즘의 소재도 밝기에 영향을 미친다. 프리즘은 주로 BaK4 혹은 BK7이라는 소재로 만든다. BaK4의 경우 프리즘으로 들어온 빛의 대부분이 반사되어 빠져나가는 데 비해, BK7의 경우 굴절율의 차이로 인해 가장자리로 들어온 빛을 제대로 반사하지 못해 손실이 발생한다. 쌍안경의 아이피스 쪽을 바라보면, BaK4 프리즘을 사용한 제품은 사출동공이 동그랗게 보이지만 BK7을 사용한 제품은 사출동공의 형태가 원의 가장자리를 정사각형으로 잘라버린 듯한 모양이 된다.

7-9 BaK4와 BK7 프리즘 비교. BK7 프리즘의 경우 주변부가 두부처럼 잘려나가 있음을 알 수 있다.

## 쌍안경을 고정하자

IS 쌍안경이나 7배 이하의 쌍안경이 아니라면 손떨림에 의해 별이 또렷하게 보이지 않고 흔들리게 된다. 떨림을 방지하기 위해서는 쌍안경을 고정할 필요가 있다. 10x50급의 쌍안경은 손으로 들고 간신히 볼 수 있는 정도지만 작은 흔들림조차 최소화하기 위해서는 쌍안경을 고정해야 한다. 간단하게는 테이블이나 자동차에 팔꿈치를 걸치고 쌍안경을 사용해도 진동으로부터 한결 나아지는 것을 알 수 있다.

등받이가 뒤로 많이 넘어가는 캠핑용 의자에 앉아서 밤하늘을 보면 고도가 높은 하늘도 보기 편리하다. 이때 쌍안경과 삼각대를 연결하는 비노홀더를 이용하여 쌍안경을 모노포드에 설치하고, 모노포드 한쪽 끝을 양발 사이에 끼워도 효과를 볼 수 있다.

가장 효과적인 진동 방지 대책은 삼각대를 사용하는 것이다. 단단한 삼각대에 쌍안경을 고정하는 것이기에 가장 튼튼하다. 쌍안경을 위한 삼각대를 고를 때 가볍고 작은 것보다는 튼튼하고 키가 큰 것을 권장한다. 작은 삼각대를 사용할 경우, 접안부가 45도나 90도 기울어져 있는 쌍안경이 아닌 이상 고도가 조금만 높은 곳을 향해도 불편한 자세로 봐야 하기 때문이다. 또한 삼각대의 키를 높이면 진동에 약해지기 때문에 가급적 튼튼한 삼각대가 유리하다.

쌍안경을 삼각대와 연결하기 위해서는 비노홀더도 필수적이지만, 비노홀더와 삼각대 중간에서 가대 역할을 해주는 삼각대 헤드를 꼭 장착해야 한다. 일반적으로 많이 사용하는 카메라용 헤드를 사용해도 상관은 없지만 가급적이면 작은 것이라도 비디오 헤드를 사용하는 것이 편리하다. 좌우 방향 수평을 잡아주면

7-10 쌍안경에 장착한 비노홀더의 모습. 쌍안경과 삼각대의 연결에 필수적이다.

비디오 헤드(7-11)의 경우 좌우 방향으로 비틀림이 없기 때문에 좌우의 수평이 비교적 잘 유지되고 헤드의 움직이는 속도를 조절할 수 있다. 그에 비해 일반적으로 많이 사용하는 카메라 헤드의 경우엔 좌우 방향으로 기울어질 수도 있고 움직이는 속도를 제어할 수 없으므로, 나사를 잘못 풀면 쌍안경이 한쪽으로 갑자기 처질 수가 있기 때문에 주의해야 한다. 특히 볼헤드(7-12)의 경우 잠금을 푸는 순간 쌍안경이 바로 넘어가기 때문에 절대로 피해야 한다.

서도 상하 좌우 방향으로 부드럽게 움직이기 때문이다. 게다가 기다란 손잡이가 나와 있어서 조작도 편리하다. 카메라를 연결할 때 사용하는 볼헤드의 경우 쌍안경의 수평을 잡기도 힘들 뿐더러, 방향을 바꾸기 위해 고정나사를 풀면 쌍안경이 확 넘어가버릴 수 있기 때문에 사용하지 않도록 한다.

쌍안경 전용의 가대도 나와 있다. 편리하기는 하겠지만, 무게나 가격을 생각했을 때 손쉽고 간단하게 들고 다닐 수 있다는 쌍안경의 장점이 많이 줄어든다.

## 안폭 및 초점 맞추기

옛날 영화나 미국 드라마에서 주인공이 쌍안경으로 무언가를 보는 장면이 나오면 화면이 ∞ 모양으로 바뀌는 것을 본 적이 있을 것이다. 필자도 쌍안경을 접하기 전에

7-13 옛날 영화에서 쌍안경을 들여다보는 장면이 나오면 이 사진과 같이 표현되지만, 실제로는 이렇게 보이지 않고 동그란 모양으로 상이 나타난다.

쌍안경의 양쪽을 잡고 움직여보면 7-14와 같이 접안렌즈의 간격이 조절된다는 것을 알 수 있다. 쌍안경을 들여다보면서 시야가 7-15와 같이 원이 되도록 조절해준다.

는, 쌍안경을 들여다보면 그런 모양으로 보일 거라고 생각했다. 하지만 이는 쌍안경의 안폭을 잘못 조절했을 때 나오는 결과다.

안폭은 눈 사이의 간격을 의미한다. 쌍안경의 아이피스의 중심은 눈의 중심과 일치해야 한다. 하지만 사람마다 양 눈 사이의 거리가 다르기 때문에 쌍안경 아이피스 사이의 간격을 조절할 필요가 있다. 이를 조절하는 것을 안폭 조절이라고 한다. 쌍안경을 눈에 대고 풍경이나 별을 보았을 때 화면이 ∞ 모양이 아니라 ο 모양이 되도록 조절하면 된다. 제대로 조절이 되었다면 별을 볼 때 별이 두 개로 겹쳐 보이지 않고 정확히 하나로 선명하게 보일 것이다.

천체망원경은 한 눈으로 보기 때문에 초점을 그냥 맞추면 되지만, 쌍안경은 각각의 눈에 초점을 맞춰줘야 한다. 쌍안경의 초점 조절은 쌍안경의 중심부에 있는 초점 조절나사를 움직여 양쪽 눈의 초점을 동시에 움직이는 타입, 그리고 양쪽 아이피스를 각각 움직여 초점을 맞추는 타입 등 두 가지가 있다. 보통은 전자의 방식이 많이 쓰인다. 이 방식의 쌍안경은 주로 오른쪽 아이피스를 돌릴 수 있도록 되어 있으며 눈금이

쌍안경의 초점 조절나사(7–16)를 돌려 왼쪽 눈의 초점을 잡은 후 오른쪽 아이피스를 돌려 오른쪽 눈의 초점을 잡는다.

표시되어 있다. 이 눈금은 양 눈의 디옵터 차이를 의미한다. 차이가 나는 만큼 아이피스의 표시가 눈금에 오도록 하면 되는데, 이런 방법보다는 일단 오른쪽 눈을 감고 왼쪽 눈만 뜬 상태에서 초점 조절나사(사진 7-16)를 돌려 초점을 잡고, 그 다음에는 왼쪽 눈을 감고 오른쪽 눈만 뜬 상태에서 오른쪽 아이피스(사진 7-17)를 돌려 초점을 정확히 잡는다. 이렇게 하면 양 눈의 시력차가 반영이 되어 별을 볼 때 양쪽이 모두 선명하게 보인다.

안폭과 초점을 조절했는데도 별상이 살짝 두 개로 겹쳐 보인다거나 오래 들여다봤을 때 두통이나 어지러움이 느껴진다면 양쪽 경통의 광축이 일치하지 않는 것이다. 이럴 땐 쌍안경을 뜯어서 프리즘의 위치를 세심하게 조절해야 하기 때문에 구입처나 전문가에게 맡기는 것이 좋다.

천체망원경에 비하면 쌍안경은 구경도 작고 배율도 낮기 때문에 조금 우습게 느껴질 수도 있다. 하지만 50mm 쌍안경 하나만 있어도 여러가지 딥스카이 천체나 이중성 등을 재미있게 즐길 수 있으며, 화질도 저렴한 천체망원경보다 훨씬 좋다. 더욱이 양 눈으로 보는 느낌은 천체망원경으로 보는 것과는 사뭇 다르다. 때문에 아마추어 천문에 입문하고자 한다면 작은 쌍안경으로 시작해보는 것도 좋을 것이다.

CHAPTER 8

# 처음 구입하는 망원경

망원경을 처음 구입할 때 어떤 망원경을 구입할지 많은 고민을 하게 된다. 많던 적던 간에 돈이 들어가게 되고, 투자한 만큼 성과가 나오기를 바라기 때문일 것이다. 따라서 투자 대비 만족감을 느끼기 위해서는 성급하게 구입하지 말고 여기저기 기웃거리면서 많은 것을 알아볼 필요가 있다.

## 공부가 우선이다

지금 당장 망원경 가게에 가서 하나 덥석 사오고 싶은 마음이 들지도 모른다. 하지만 천체망원경은 구입했다고 해서 바로 사용할 수가 없으며, 이를 활용하기 위해서는 상당한 배경지식이 필요하다. 오늘밤 달이 대략 어떤 모양이고, 몇 시쯤 보기 좋은 위치에 오는지 달력을 보고 판단할 수 있어야 한다. 또 중요한 별자리와 1등성의 위치 및 이름 정도는 알고 있어야 망원경을 제대로 사용할 수 있다. 이러한 배경지식이 하나도 없이 망원경을 구입한다면 조만간 동호회 게시판에 판매 글을 올리고 있는 자신을 보게 될지도 모른다. 그러니 충분히 배경 지식을 쌓고, 망원경에 대한 공부도 하자.

## 다른 별지기들을 만나보자

온라인이든 오프라인이든 다른 별지기들을 만나보고 어떤 장비를 사용하고 있는지 살펴보자. 온라인에서 조언을 얻는 것도 좋지만 일단 직접 보는 것이 중요하다. 달이 없고 날씨가 좋을 때 관측지에 붉은색 손전등 하나만 가지고 한번 따라나서 보도록 하자. 기웃기웃하다가 인사 한 번 하고 보여달라고 하면 별지기들은 기꺼이 보여줄 것이며, 망원경에 대해 알려달라고 하면 기꺼이 설명해줄 것이다. 하지만 망원경 주

8-1 인터넷 동호회 게시판을 보면 날 좋고 달이 없는 날에 번개 관측회가 열린다는 글을 볼 수 있는데, 시간이 맞는다면 한 번 따라가보자.

인들이 마음이 너그러워서 보여주는 것이지, 무슨 의무가 있거나 한 것은 아니기 때문에 무리하게 떼를 쓰거나 하지는 말자. 또한 사진을 찍고 있거나 안시관측에 집중하고 있는 사람에게 자꾸 말을 걸거나 하면 귀찮아할 수도 있기 때문에 적당히 눈치를 살필 필요는 있다.

## 망원경의 사양을 읽어보자

공산품에는 사양이 나와 있다. 그 제품에 대한 자세한 이야기를 정리해놓은 것이라 할 수 있다. 이것을 이해해야만 이 망원경으로 어느 정도 보일지 대강 짐작해볼 수 있

▶ 망원경 사양표의 예

| 사양 | 내용 |
|---|---|
| 광학 설계 | 트리플렛 슈퍼 아포크로매트 |
| 렌즈 간격 | 에어 스페이스 |
| 유리 종류 | ED 및 크라운 유리 |
| 코팅 사양 | 풀리 멀티 코팅 |
| 구경 | 102mm |
| 초점거리 | 816mm |
| 구경비 | F/8.0 |
| 분해능 | 1.14″ |
| 극한등급 | 12.0 |
| 집광력 | 212배 |

다. 물론 심하게 저렴한 제품의 경우엔 사양에 비해 성능이 나오지 않을 수 있다. 왜냐하면 사양표에 나와 있는 망원경의 성능을 나타내는 지표들은 그 망원경의 구경이 가질 수 있는 이론적인 성능을 나타내지만, 염가형 망원경의 경우 광학계의 정밀도나 코팅의 품질, 기계적인 부분의 완성도가 좋지 않기 때문에 사양대로의 성능이 나오지 않을 수도 있기 때문이다.

광학계, 즉 경통의 성능을 나타내는 지표는 다음과 같다.

### 구경

렌즈 혹은 반사경의 지름을 의미한다. 구경이 클수록 빛을 더 많이 모을 수 있기 때문에 큰 망원경일수록 더 어두운 별을 볼 수 있게 된다. 이론적으로는 그렇지만 광학계의 정밀도나 광축 등의 조정 상태, 코팅 상태 등에 의해 별이 잘 보이는 정도는 이론값보다 떨어지게 된다.

8-2 다양한 구경의 천체망원경. 왼쪽부터 60mm, 120mm, 203mm, 150mm, 90mm.

### 초점거리

어렸을 때 돋보기로 햇빛을 모아 검은 종이를 태우는 실험을 한 번씩은 해본 경험이 있을 것이다. 이때 돋보기의 중심에서 햇빛이 제일 작게 모이는 지점까지의 거리를 초점거리라 한다(제대로 설명하자면 훨씬 복잡하다). 초점거리가 길수록 망원경이 전반적으로 길어지며, 배율을 높이기가 쉬워진다. 또한 사진촬영시 초점거리가 긴 망원경을 사용할수록 작은 천체를 보다 크게 촬영할 수 있다.

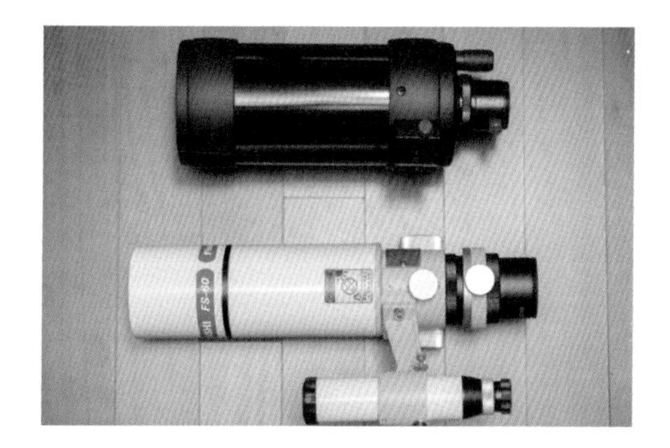
8-3 90mm 막스도프 카세그레인 망원경(위)과 60mm 굴절망원경(아래)의 경통 길이 비교. 두 망원경의 경통 길이는 비슷하지만 막스토프의 초점거리는 1250mm, 굴절망원경의 초점거리는 355mm로 상당한 차이가 있다.

### F수 (F number)

초점거리를 구경으로 나눈 값으로 초점비라고도 한다. 구경이 같은 망원경이 있을 때 초점거리가 짧을수록 F 값이 작아진다. 사진에서 F수는 노출시간과 관련이 있다. F수가 적을수록 노출시간을 줄일 수 있다. 예를 들어 F/2짜리 망원경에서 1초 동안 카메라를 개방하여 사진을 찍었다면 F/8짜리 망원경에서는 노출시간을 16초로 늘려야 동일한 밝기의 사진을 얻을 수 있다. 노출시간을 최대한 줄이는 것이 가이드 오차를 줄일 수 있으며, 보다 짧은 시간에 많은 빛을 카메라에 담을 수 있기 때문에 천체사진에서는 F수가 작은 망원경이 유리하다.

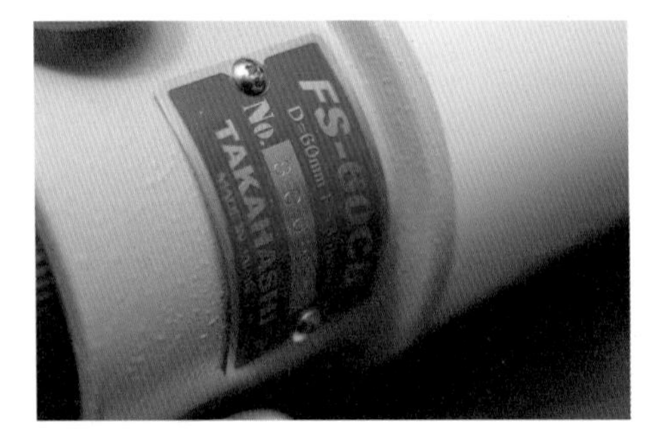

8-4 망원경의 어느 한쪽에는 망원경의 구경과 초점거리가 표시되어 있다. 이를 이용해 F수를 계산해볼 수 있다.

### 분해능

가까이 있는 두 개의 별을 얼마나 분리해서 보여줄 수 있는가에 관한 지표이다. 필자가 사용는 102mm 굴절망원경의 사양표에는 분해능이 1.14″(지구에서 보이는 두 천체 간의 거리는 각거리로 표시한다)로 되어 있는데, 이는 1.14″ 떨어져 있는 별을 이 망원경으로 볼 경우에는 두 개의 별로 보이지만 이보다 가까이 있는 별은 한 개로 보인다는 의미이다. 같은 브랜드의 150mm 구경 굴절망원경의 경우 분해능이 0.77″이다.

망원경의 구경이 클수록 분해능이 좋아진다. 분해능이 좋은 망원경일수록, 즉 구경이 큰 망원경일수록 천체의 모습을 보다 더 자세하게 볼 수 있다. 하지만 이는 광학 이론적인 데이터이며, 광학계의 정밀도나 상태, 대기의 상태에 따라 실제로 느낄 수 있는 분해능은 이보다 떨어지게 된다.

참고로 망원경을 새로 구입했을 때 각거리를 알고 있는 이중성을 보면서 망원경의 분해능을 확인해보는 것도 재미있다. 꼭 한번 해보도록 하자.

### 집광력

얼마나 어두운 별을 볼 수 있는가에 대한 지표이다. 사람 눈이 받아들이는 빛의 양이 1이라고 할 때 망원경은 얼마나 더 빛을 받아들여서 얼마나 더 어두운 것을 볼 수 있는가를 나타낸 값이 집광력이다. 집광력은 구경의 제곱에 비례해서 증가하기 때문에 망원경이 커지면 커질수록 더 어두운 천체를 볼 수 있다. 따라서 딥스카이 천체를 안시관측으로 즐기고자 하는 경우 집광력(즉, 구경)이 매우 중요한 포인트가 된다. 이를 공식으로 표현하면 아래와 같다.

$$P = \left(\frac{D}{Dp}\right)^2$$

P는 집광력, D는 망원경의 구경, Dp는 사람 눈의 동공 지름으로 대략 7mm로 놓고 계산하면 된다. 60mm 굴절망원경의 경우 $(60mm/7mm)^2 = 73.5$, 즉 60mm급의 작은 망원도 사람 눈에 비해 무려 73.5배나 빛을 더 잘 모은다. 이게 망원경의 힘이다.

#### 한계등급

얼마나 어두운 등급의 별을 볼 수 있는가에 관한 지표이다. 집광력을 다른 방법으로 표현한 것으로 생각해도 틀리지 않다. 102mm 굴절망원경의 한계등급은 11.8등급, 203mm SCT는 14등급으로, 구경이 클수록 보다 어두운 별을 볼 수 있다.

## 이동 능력을 파악하자

돼지저금통마저 깨뜨려가며 꿈에 그리던 망원경을 주문했다. 오랜 기다림 끝에 도착한 망원경, 그러나 그 거대한 포장박스 크기에 기가 눌리는데… 실제로 그렇다. 어쩐지 작게만 느껴지는 4인치급 굴절망원경을 구입했을 때(물론 망원경마다 차이는 좀 있겠지만) 일단 포장이 생각보다 많이 커서 놀랐고, 안에 들어 있는 망원경 또한 생각보다 커서 또 한 번 놀란 적이 있다. 이런 경통을 보관하기 위해 별도의 알루미늄 박스를 제작하고, 적도의와 삼각대도 챙겨야 하며, 거대한 액세서리 및 카메라 상자 2개와 묵직한 전원장치까지 합치면 상당한 부피와 무게가 된다. 작은 차에는 트렁크에 다 들어가지 않아서 뒷좌석을 접어 짐을 싣게 되는 경우도 종종 있다.

4인치 굴절도 이 정도인데 거대한 돕소니언이라면 차에 넣기도 힘들어진다. 차는 커녕 집에서 주차장까지 짐을 옮기다 힘을 다 써버릴 수도 있다. 따라서 망원경 구입 전, 저게 과연 내 차에 들어갈지, 주차장까지 옮길 수는 있을지, 차가 없다면 대중교통을 이용해 들고 다닐 만한 부피와 무게인지 생각해봐야 한다.

현실적으로 60mm 굴절망원경에 간단한 가대와 삼각대, 그리고 아이피스 몇 가지만 챙겨도 무게가 상당하다.

▶ **망원경 세트의 무게를 계산해보자**

| 아이템 | 무게 (kg) | 비고 |
|---|---|---|
| FS-60CB | 1.8 | 파인더 및 밴드 포함 |
| Portra II 경위대 | 5.7 | 삼각대 포함 |
| 빅센 SSW 아이피스 | 0.7 | 3.5mm, 7mm, 14mm |
| 합 | 8.2 | |

위의 표는 간단하게 구성해본 망원경 세트의 예시이다. 케이스 무게는 고려하지 않았음에도 무게가 8.2kg이나 된다는 것을 알 수 있다. '이 정도 무게쯤이야, 군대에서도 맨날 매고 다녔는데…' 하고 생각할 수도 있지만, 그건 군대이기 때문에 가능한 것이다. 이동이 힘들다면 무리해서 장비를 구입하는 것보다 향후 차를 구입할 때까지 장비 구입을 미루거나, 동호회 등에 가입해서 장비를 나눠 들고 다니는 것도 한 방법이다.

이동도 그렇지만 보관도 문제다. 망원경은 생각보다 넓은 공간을 차지한다. 처음에는 집 한쪽 구석에 조그마한 공간을 차지하고 있던 망원경이 어느새 방 한쪽을 차지해버린다. 여유 공간이 있다면 별 문제가 없겠지만, 가족들과 함께 생활하는 공간이 내 취미생활 때문에 좁아진다는 것을 생각해야 한다. 망원경의 숫자가 늘어날수록, 망원경의 크기가 클수록 필요한 공간도 늘어난다.

## 어디에서 구입할 것인가?

망원경을 구입하는 경로는 크게 3가지 정도로 볼 수 있다.

- 국내 망원경 상점에서 구입
- 중고품 구입
- 해외 망원경 상점에서 직구

### 국내 망원경 상점을 이용할 경우

국내 망원경 상점에서 구입하는 것이 가장 빠르고 쉬운 방법이다. 재고가 있으면 바로 구입할 수도 있고, 없는 경우라도 해당 상점에서 취급하는 상품이라면 주문해놓고 기다리면 된다. 또한 망원경 사용법에 대해서 도움이 필요할 때 조언도 들을 수 있고, 고장이 나더라도 AS가 가능하다는 장점이 있다.

해외 직구 가격 대비 적당한 가격으로 판매하는 상점도 있지만 반대로 터무니없이 비싼 가격을 요구하는 곳도 있으니 조금 귀찮더라도 직접 가격조사를 해서 구매를 결정하는 것이 좋다. 또한 홈페이지에 나와 있는 가격보다 저렴하게 구입할 수 있는 경우도 있기 때문에 직접 전화해서 얼마에 구입할 수 있는지 확인해보는 것도 요령이다. 각 상점에 대한 평가는 인터넷 동호회 등에서 쉽게 찾아볼 수 있으니 반드시 참고하자.

## 중고 망원경 구매 시 확인해볼 것들

- 굴절의 경우 렌즈알이 깨끗한지 확인한다. 먼지가 있거나 이슬 자국이 있는 것은 청소하면 되니 문제가 되지 않는다. 잘 닦이지 않는 작은 얼룩 역시 실제로 사용하는 데 큰 문제가 되지 않는다. 하지만 간혹 보관을 잘못해서 곰팡이가 생긴 경우가 있다. 렌즈 안쪽에 생긴 곰팡이를 제거하려면 렌즈셀을 분해해야 하며, 곰팡이가 코팅을 망가트리기 때문에 곰팡이가 피어 있거나 곰팡이 자국이 있는 중고제품은 피하는 것이 좋다. 이는 아이피스나 각종 보정렌즈도 마찬가지다.
- 반사의 경우 거울이 쩍 갈라져 있는 것이 아닌 이상 사용하는 데는 별 문제 없다. 굴절망원경과 마찬가지로 먼지나 이슬 자국은 쓰면서 생길 수밖에 없는 것들이라 청소하면 그만이고, 반사경의 가장자리에 이빨이 조금 나간 것도 실제로 사용하는 데는 지장이 없다. 연식이 너무 오래되어서 반사경 코팅이 흐려진 제품이라면 저렴하게 구입한 뒤에 재코팅 후 사용하는 것도 요령이다.
- 포커서의 움직임을 확인해본다. 포커서가 움직이면서 너무 흔들리지는 않는지, 초점 조절 손잡이를 돌리는데 중간에 움직임이 이상하거나 걸리는 부분은 없는지 확인한다. 흔들리는 것은 쉽게 교정이 가능하지만, 움직임이 중간에 이상하거나 턱턱 걸리는 느낌이 나는 것은 기어에 이상이 있는 것으로 수리 비용이 많이 들기 때문에 피하도록 한다.
- 적도의의 경우도 대체로 조심스럽게 사용하기 때문에 중고제품도 큰 무리가 없다. 적도의의 밸런스를 잘 맞춰 사용하지 않았다면 기어가 많이 닳았거나 모터에 무리가 가 수명이 줄었을 수는 있지만, 개인이 사용하던 적도의라면 작동 시간이 그리 길지 않고 대체로 잘 관리했을 가능성이 높기 때문이다. 하지만 거래 시엔 반드시 전원을 연결하여 기본적인 작동을 하는지 꼭 확인해보자.
- 모든 액세서리가 다 구비되어 있는지 확인한다. 특히 망원경이나 아이피스의 뚜껑 같은 것들은 한 번 분실하면 구하기 쉽지 않다. 물론 당장 성능에 큰 영향을 주는 물건은 아니라 기피할 필요는 전혀 없지만 보관 시 신경이 쓰이는 것은 사실이다.
- 그밖에 외관상 크게 파손된 곳은 없는지 천천히 살펴보자. 스티커가 붙어 있는 경우 망원경 주인에게 양해를 구하고 스티커를 제거해서 흠집이나 구멍은 없는지 살펴보아야 한다.

### 중고 망원경을 구입할 경우

신품을 구입하는 것이 부담스럽다면 중고품을 찾아보는 것도 좋다. 필자도 중고를 매우 선호하는데, 망원경이나 천체사진용 카메라의 경우 조심스럽게 사용한 경우가 많아 제품에 이상이 있는 경우를 거의 본 적이 없다(물론 비양심적인 판매자도 가끔 만나게 된다). 특별히 광학계가 깨지거나 곰팡이가 생기는 것과 같은 경우를 제외하고는 이상이 있더라도 수리가 가능하기 때문에 외관 상태가 험하더라도 사용하는 데는 큰 문제가 없는 경우가 대부분이다.

중고품이 신품에 비해 저렴하긴 하지만 인내심이 필요하다. 내가 원하는 물건이 항상 매물로 나와 있는 것이 아니기 때문이다. 급한 경우에 '삽니다' 글을 올리면 연락이 오는 경우도 있지만, 항상 운이 좋은 것은 아니기 때문에 매물이 올라오는 것을 꾸준히 확인해보아야 한다.

"장터의 법칙 – 중고품 기다리다 지쳐서
신품을 구매하면 다음날 중고품이 매물로 나온다"

우리나라에서는 에스엘랩에서 운영하는 아스트로마트(http://www.astromart.co.kr)와 네이버 천문카페인 별하늘지기(http://cafe.naver.com/skyguide)에 있는 중고장터가 가장 활성화되어 있다.

국내뿐만 아니라 해외의 중고장터를 이용해볼 수도 있다. 미국이라면 아스트로마트(http://www.astromart.com)가 유명하다. 이곳에서는 구하기 힘든 명품 굴절망원경도 간혹 나오므로 관심이 있다면 한 번쯤 지켜볼 만하다. 일본 중고품의 경우 야후 옥션에서 다양한 아이템을 찾아볼 수 있다(https://auctions.yahoo.co.jp). 잘하면 조금 오래된 제품 중에서 깨끗하고 저렴한 것을 찾아볼 수 있다.

이런 제품들을 받기 위해서는 배송대행 서비스를 이용해야 하기 때문에 별도의 수

수료가 추가로 들지만, 독특한 아이템을 원한다면 해외의 중고시장을 찾아보는 것도 재미있는 일이다. 참고로, 해외 사이트를 검색할 때 인터넷 익스플로러 대신 구글 크롬 브라우저를 이용하면 자동으로 번역을 해주기 때문에 외국어를 몰라도 쉽게 구경할 수 있다.

### 해외에서 직구로 구매할 경우

신품을 해외의 망원경 상점에서 직구로 구매하는 방법도 있다. 망원경 세트나 적도의같이 무거운 물건들은 운송비와 10%의 부가세, 8%의 관세를 고려하면 국내 상점에서 사는 것에 비해 큰 메리트가 없을 수 있지만, 독특한 미국 브랜드의 망원경이나 적도의는 물론 아이피스나 필터, 기타 자잘한 액세서리 같은 것은 해외에서 주문하는 것이 경제적이다.

한국으로 직배송을 해주는 딜러도 있지만, 직배송시 과도한 비용을 요구하거나 해외배송을 해주지 않는 경우에는 배송대행을 사용해야 한다. 예를 들어 미국의 OPT라는 망원경 숍은 직배송을 해주기 때문에 배송대행 수수료를 절약할 수 있지만 물건에 따라 직배송 비용이 비싸다. 비교적 저렴한 망원경과 액세서리 등을 많이 취급하는 Amazon.com의 경우에도 판매자에 따라 국제배송이 가능하기도 하고 안 되는 경우도 있기 때문에 판매 조건을 잘 살펴봐야 한다.

직구를 고려하고 있다면 제조국이나 브랜드의 원산지 등을 고려해서 구입처를 선택하는 것이 좋다. 일단 가격에 차이가 있다. 당연한 이야기지만 일본산 제품은 일본이 싸고 미국산 제품은 미국이 싸다. 또한 미국산이나 EU산 제품의 경우 FTA에 따라 관세를 면제받을 수 있기 때문에 제조국이 어디인지 잘 살펴보도록 하자.

지불도 생각보다 간편하다. 해외 결재가 가능한 신용카드는 물론 페이팔(Paypal)을 통해 지불이 가능한데, 신용카드보다는 Paypal이 조금 더 편리하다. 아주 비싼 것을 주문하게 될 경우에는 현금을 송금하는 것도 가능하다. 송금은 아무래도 환율 계산에 있어서 신용카드보다 유리하며, 경우에 따라 현금 구매시 할인을 해주는 경우도 있으므로 잘 알아보도록 하자. 또한 은행별로 송금 수수료의 차이가 있으므로 가장 유리한 곳이 어디인지 찾아볼 필요가 있다.

일본 제품은 일본에서 구입하는 것이 가장 저렴하다. 하지만 일본의 상점들은 미국보다 해외 판매에 적극적이지 않다는 느낌이 강하게 든다. 몇몇 사이트를 방문해 한국으로 배송이 가능한지 문의를 해보면, 기본적으로 가능하지만 제조사의 허락이 있어야 하기 때문에 확인이 필요하다는 답변이 온다. 다른 국가의 공식 딜러를 보호하기 위한 제조사의 정책이 아닌가 싶다.

하지만 국내에도 잘 찾아보면 현지에서 구입해서 배송받는 가격(물건 값+각종 세금+배송비)에 약간의 수수료를 얹은 가격으로 구입할 수 있는 상점이 있기 때문에 단순히 가격뿐만 아니라 배송 기간 및 사후관리 등을 포함하여 여러 조건들을 잘 비교해보고 구입하는 지혜가 필요하다.

비싼 장비를 구입하고 싶은데 마침 일본에 여행을 갈 기회가 있다면 이 기회를 충분히 살려보는 것도 좋다. 일본에서 직접 구입할 경우 여권을 보여주면 일본 내 소비세를 면제받을 수 있고 운송료를 절약할 수 있기 때문이다. 물론 국내 반입 시 공항 세관에서 세금은 내야 한다.

중국도 아주 중요한 직구처다. 중국의 아마존이라 할 수 있는 알리 익스프레스에 가면 정말 다양한 천체망원경용 부품을 구할 수 있다. 경통 밴드나 연장통, 플레이트와 같이 광학기술이 들어가 있지 않은 단순한 액세서리의 경우 중국 직구를 통해 괜찮은 품질의 제품을 저렴하게 구입할 수 있다.

### 해외 직구 시 유의사항

사후관리를 포기한다면 직구가 좋은 구매 채널이 될 수 있겠지만 주의해야 할 사항이 있다. 일단 기본적인 영어가 되어야 한다. 그래야 제품 사양이나 배송 및 결재 조건을 제대로 이해할 수 있다. 중국 직구의 경우 친절하게도(조금 어색하기는 하지만) 한글을 지원한다. 하지만 배송이나 물건에 하자가 있어 클레임을 할 경우 영어나 중국어로 해야 한다(물론 판매자가 우리말을 이해한다면 좋겠지만…).

미국 직구에서 배송대행을 이용하지 않는 경우에는 판매처의 홈페이지에서 물건값을 결재할 때 배송비도 함께 결재하게 된다. 이때 어떤 배송 방법을 이용할 것인지 선택하게 되는데, UPS, DHL, FedEx의 경우 빠르고 깔끔하게 배송이 되지만 물건이 크고 무거워질수록 가격이 매우 비싸지기 때문에 작고 가벼운 액세서리류를 주문할때는 특급배송 서비스를 이용하는 것이 좋지만 그렇지 않을 경우에는 국제우편(USPS나 EMS)을 이용하는 편이 저렴하다.

직구를 하기 전에 반드시 해야 할 일은 관세청 홈페이지에 가서 개인통관번호를 발급받는 것이다. 개인의 주민등록번호 대신 활용하는 번호로서 배송대행이나 특급배송 서비스에서 통관 시 요청하게 된다. 국세청 홈페이지에서 무료로 손쉽게 발급받을 수 있다.

## 어떤 제품을 구입할 것인가?

지금까지 망원경의 스펙을 보는 방법과 어디에서 구입할지에 대해 알아보았다. 그렇다면 과연 어떤 제품을 구입하는 것이 가장 좋을지 한번 생각해보도록 하자. 이 부분에 대해서는 여러가지 이견이 있을 수 있다는 점을 감안하고 읽는 것이 좋겠다.

### 첫 망원경

여유가 있다면 한 방에 가라는 아마추어 천문계의 격언이 있다. 하지만 필자는 이 말에 동의하지 않는다. 고급 제품을 구입했다고 관측지에 가서도 좋은 결과가 나오리라는 보장이 없다. 수많은 시행착오를 거치고 공부를 해야만 망원경의 성능을 제대로 끌어낼 수 있기 때문이다.

그런데 고급 장비일수록 고민을 해야 할 부분도 많고 자잘한 튜닝 과정을 거쳐야 하는데, 입문용 망원경에서 서서히 올라온 경우에는 이런 과정을 손쉽게 처리할 수 있지만, 한 방에 간 경우에는 오래 고생만 하다가 포기하는 경우가 꽤 있다. 어차피 오래 할 취미라면 '한 방에 가는 것'보다는 입문용 모델로 시작해 점차 업그레이드하는 것을 권하고 싶다.

관측 장비가 전혀 없는 상황이라면 쌍안경을 추천하고 싶다. 작고 가벼우며 생각보다 잘 보이고, 천체망원경에 비해 가격도 저렴하다. 한번 구입해놓으면 두고두고 쓸 수 있다는 장점도 있다.

안시관측을 주로 하고 싶은 경우라면 8인치급 돕소니언 망원경을 추천한다. 8인치급이면 달이나 행성은 물론 성운, 성단, 은하 등의 딥스카이 천체를 비교적 쉽게 볼 수 있으며, 쓸 만한 파인더와 아이피스가 세트에 포함되어 있다. 이보다 작은 것은 안시관측을 하기에 조금 모자란 감이 있다.

8인치급 돕소니언이라고 해도 부피가 상당하기 때문에 차량 없이는 이동이 어렵다는 점도 감안할 필요가 있다. 이동수단이 있다면 10인치급 돕소니언도 좋은 선택이다. 차량이 없는 경우라면 80~100mm급 소구경 굴절망원경이나 4~5인치급 막스토프가 적당하다.

꼭 아포크로매트 같은 고급 제품이 아니어도 상관없다. 아크로 경통이라도 잘 만든 제품이라면 나름대로 잘 보인다. 소구경 굴절망원경과 사용이 편리한 경위대와의 조합이라면 어느 정도 이동성도 확보하면서 향후 다른 제품으로 업그레이드 시 가이드스코프 등의 다른 용도로 활용할 수도 있다.

돕소니언 망원경이든 소형 굴절망원경이든 간에 GOTO 기능이 있는 제품을 선택할 수 있다. GOTO 기능에 대해서는 갑론을박이 있지만, 안시관측을 즐기는 쪽이라면 GOTO 기능 없이 성도와 파인더를 의지해서 관측 대상을 찾아가는 것이 별을 즐기는 방법의 하나가 될 수 있다.

하지만 사진을 촬영할 예정이거나 천체를 찾는 데 시간을 보내는 것이 싫다면 GOTO 기능이 있는 가대를 활용하는 것이 편하다. 카메라를 망원경에 장착해놓으면 지금 망원경이 어디를 향하고 있는지 잘 알 수 없기 때문이다. 또 완전 초보의 경우 하루종일 한 대상만 찾다가 밤새는 경우도 있다. 필자도 그랬다. 그 찾기 쉬운 M81, M82를 찾다가 동이 트는 것을 본 적도 있으니 말이다. 이런 것에 스트레스를 느낀다면 당연히 GOTO가 도움이 된다. 하지만 GOTO의 기능을 제대로 사용하기 위해서는 기본적으로 별자리와 1, 2등성의 위치와 이름, 그리고 현재 어떤 별이 잘 보이는지에 대해서 알고 있어야 한다.

소형 굴절망원경이든 소형 돕소니언이든, 경통과 가대 그리고 각종 액세서리가 세트로 구성되어 있는 제품의 경우 대체로 포함되어 있는 액세서리가 부실한 편이다. 따라서 이런 제품을 구입하면 기본 아이피스 대신 이보다 윗급이면서도 비교적 저렴한 가격대의 아이피스로 교체해서 사용하면 완전히 다른 망원경처럼 느껴질 정도로 성능 향상을 느낄 수 있다. 망원경 성능의 1/3은 아이피스다.

### 첫 사진용 장비

천체사진은 장비의 힘이 상당히 중요하다. 우리가 원하는 사진을 찍기 위해서는 크고 무겁고 비싼 장비가 필요하다. 하지만 처음부터 비싼 장비를 구입

8-5 일반적인 DSLR 카메라나 미러리스 카메라로 천체사진을 찍을 수 있다. 사진의 DSLR 카메라는 니콘의 D810A, 렌즈는 삼양 시네마 85mm 렌즈.

8-6 카메라와 삼각대, 릴리즈와 같이 간단한 장비만 있으면 멋진 일주 사진을 찍을 수 있다.

할 필요는 없다. 처음에는 렌즈 교환식 카메라와 삼각대, 그리고 여유가 조금 있다면 성야 사진촬영을 위한 소형 적도의 하나만 있어도 어떻게 찍느냐에 따라 멋진 사진을 찍을 수 있기 때문이다.

천체사진도 사진이기 때문에 사진에 대한 기본 소양을 쌓는 것이 무엇보다 중요하다. 렌즈의 F수, 조리개, 셔터 속도, 감도 등과 같이 빛의 노출에 관한 기본적인 내용에서부터 렌즈의 초점거리 및 초점거리에 따라 어떻게 피사체가 다르게 찍히는지 이해하고 접근하는 것이 중요하다(천체사진 촬영법에 관해서는 필자의 다음 책에서 자세히 다루도록 하겠다). 아무런 사전 지식 없이 장비만 덜컥 구입하면 그 복잡함과 어려움 때문에 힘들게만 느껴진다. 취미는 즐거워야 하는 것이다.

카메라가 없다면 일단 렌즈 교환식 카메라를 한 대 장만해보자. DSLR도 좋고 미러리스 카메라도 상관없다. 단, 릴리즈나 PC를 통해 노출시간을 마음대로 제어할 수 있는 기종이어야 한다. 천체사진에 잘 맞는 카메라가 있기는 하지만 처음에는 어떤 것을 사용해도 상관없다. 일단 해보는 것이 중요하기 때문이다. 따라서 집에 있는 카메라를 사용해보고, 카메라 때문에 더 이상 발전이 없다는 느낌이 올 때 더 좋은 기종을 알아보는 것이 좋다.

8-7 사진용 소형 적도의의 모습. 작고 가벼워 휴대가 편리하다. DSLR 카메라와 광각렌즈에서 준망원렌즈까지 사용할 수 있는 성능을 지니고 있다. 사진의 적도의는 켄코의 스카이메모S 제품.

사진에 취미가 있는 독자가 아니라면 번들렌즈라고도 하는 기본 줌렌즈 하나만 가지고 있을 가능성이 크다. 이 렌즈가 사실 천체사진에 적합할 정도로 화질이 좋거나 밝은 것은 아니지만 그래도 못 쓸 정도는 아니니 최대한 활용해보자. 보통은 17~55mm 구간의 초점거리를 제공하는데(카메라 브랜드 및 기종에 따라 차이가 있을 수 있다), 이 정도의 기본 렌즈라면 은하수와 별자리를 촬영하는 데 충분히 활용할 수 있기 때문에 처음부터 별도의 고급 렌즈를 구입할 필요가 없다.

렌즈 교환식 카메라를 이미 가지고 있다면 일단 일주사진부터 촬영해보자. 카메라를 삼각대에 얹고 몇 분씩 노출을 주면 별이 밤하늘에서 움직인 궤적이 촬영되는데 이를 일주사진이라고 한다. 촬영 방법 자체는 아주 간단하지만, 예술적인 감성도 필요하고 풍경과 조화시키는 것이 상당히 까다롭기 때문에 쉽지는 않다.

일반 삼각대만으로도 별이 점처럼 찍혀 있는 사진을 촬영할 수 있지만, 노출시간이 조금만 길어져도 별이 늘어지기 때문에 한계가 있다. 이럴 때 필요한 것이 적도의이다. 노출시간을 길게 늘릴 수 있으며 별이 점으로 찍히기 때문에 보다 더 아름다운 사진을 촬영할 수 있다.

그렇다고 처음부터 망원경을 올리는 큰 적도의를 구입할 필요는 없다. 사진 전용의 간단한 적도의만으로도 충분히 좋은 사진을 촬영할 수 있다. 물론 탑재 중량의 한계도 있고 오토가이더를 장착할 수 없는 경우도 있어 오랜 시간 노출을 주는 것은 어렵지만, 적도의와 광각렌즈의 조합으로 별자리나 은하수가 있는 풍경을 촬영할 수도 있고, 표준에서 준망원급의 렌즈를 장착하면 넓게 퍼진 성운 사진도 찍을 수 있다.

CHAPTER 9

# 주요 액세서리

아이피스와 같이 기본적인 액세서리만 있어도 망원경을 사용할 수는 있지만, 몇몇 액세서리를 추가하면 별보기가 한층 쉬워진다. 이번 장에서는 망원경을 운용하는 데 도움이 되는 액세서리와 공구에 대해 알아보도록 하자.

## 전원

필자가 처음 아마추어 천체관측에 입문하던 90년대 초만 하더라도 천체망원경을 사용하기 위해서 전원이 필수 요소는 아니었다. 모든 것이 수동으로 작동하던 시대였으니 말이다. GOTO 기능은 존재하지도 않았고, 모터가 달린 적도의는 사치품이었다. 적도의는 손으로 손잡이를 돌려 작동시켰고, GOTO 대신 별 하나하나 파인더로 찾아가면서 딥스카이 천체를 찾곤 했다. 물론 이슬이나 서리가 내리면 그냥 운명이려니 하고 관측을 접곤 했다.

사진도 마찬가지다. 요즘에는 디지털 카메라가 일반적이라 카메라의 전원과 카메라를 운용하기 위한 노트북 PC가 필수적이지만 당시에는 필름 카메라를(배터리 없이 작동이 가능한 니콘 FM2가 가장 인기 있었다) 주로 사용했기 때문에 요즘과 같이 전원이 그다지 중요하지 않았다. 하지만 GOTO 기능과 같이 모터를 고속으로 구동시키며 카메라와 PC에 전원을 공급하고, 밤에 이슬이나 서리나 렌즈에 앉지 않도록 막아주는 히터 등 다양한 편의 장비가 많이 쓰이는 상황에서는 안정적인 전원 공급이 중요한 문제이기 때문에 한 번쯤 꼭 고민해봐야 한다.

입문용 천체망원경의 경우, 박스 안에 배터리 케이스가 포함되어 있고 여기에 AA 건전지를 넣어서 사용하도록 되어 있는 경우가 많다. 이런 제품은 사용 중에 전기가 떨어져도 예비용 배터리를 가지고 있거나 배터리를 손쉽게 교체할 수 있다는 장점이 있지만, 특히 GOTO 기능이 있는 가대의 경우 생각보다 전력 소모가 많아 배터리가 금방 떨어지며, 매번 교체할 때마다 비용이 들어간다. 충전지로 교체해서 사용하면 초기 비용이 조금 부담스러울 수는 있지만 이후로 추가되는 비용은 없다.

9-1 AA 배터리를 사용하는 경우엔 배터리가 떨어져도 주변에서 쉽게 구할 수 있다. 하지만 일반 알칼라인 배터리는 수명이 짧기 때문에 충전 배터리를 사용하거나 케이블을 개조하여 파워팩과 연결할 수 있도록 하는 것이 편리하다.

입문용 제품을 벗어나 조금 더 무겁고 비싼 장비를 사용하거나, 가대 이외의 여러 전기 제품을 추가하면 AA 배터리로는 버틸 수 없으며, 용량이 더 큰 배터리가 필요하다. 여러 종류의 대용량 배터리가 있지만 가장 생각해볼 수 있는 것이 자동차나 이륜차용 배터리가 아닌가 싶다. 용량도 크지만 납이 들어가기 때문에 무게도 상당하다. 차량용 중에서 가장 용량이 작은 경차용 40A(배터리 용량은 암페어[A]로 표시한다. 숫자가 높을수록 용량이 크다)짜리 제품도 무게가 9~10kg이나 되기 때문에 망원경과 함께 들고 다니는 것은 쉽지 않은 일이다. 또 제품에 따라 위험한 전해액(황산)이 새어나올 우려도 있고, 온도가 내려갈수록 성능이 급격히 떨어지기 때문에(추운 겨울날에 시동 안 걸리는 차량을 쉽게 볼 수 있다) 권장하고 싶지 않다. 자동차용보다는 차라리 이륜차용 배터리를 사용하는 것이 더 편리할지도 모르겠다. 하지만 용량이 자동차용보다는 작다.

전원 중에서 가장 추천하고 싶은 제품은 파워뱅크다. 사용이 편리하게 제작된 케이스 안에 리튬이온이나 리튬인산철 배터리를 넣은 구조로 되어 있으며 12V 출력은 물론 USB 포트를 통한 5V 출력이 함께 지원되는 제품도 있다. 현재 전압이나 배터리가 얼마나 남았는지 확인도 가능하다. 필요한 용량만큼 주문 제작도 할 수 있으며, 손재주가 있는 사람들은 케이스와 배터리를 별도로 구입하여 자작하는 경우도 있다. 필자의 경우 50A 용량 제품을 사용하는데 적도의와 카메라, 노트북 및 열선 히터를 연결

9-2 필자의 파워 뱅크. 12V와 USB를 통한 5V 출력을 지원한다.

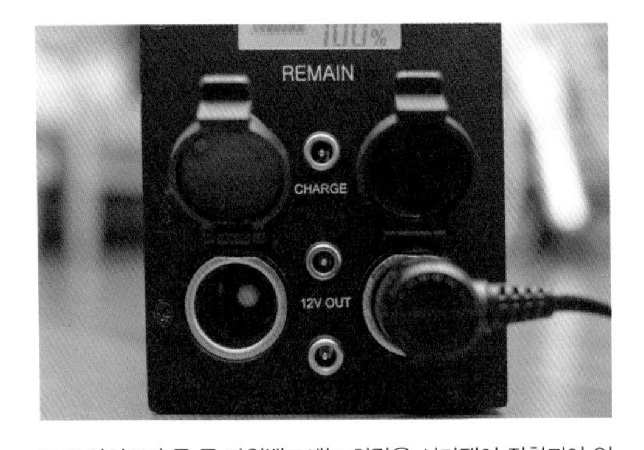

9-3 사이즈가 좀 큰 파워뱅크에는 차량용 시거잭이 장착되어 있어서 12V 제품을 편하게 사용할 수 있다.

해서 사용해도 하룻밤 동안 넉넉히 사용한다. 용량 대비 가격은 조금 높은 편이지만 편리성을 생각하면 충분히 지불할 만한 값어치가 있다.

배터리 대신 사용할 수 있는 소형 발전기도 있다. 배터리의 경우 전기가 소모되면 끝이지만, 작은 엔진을 사용하는 발전기는 연료만 채워주면 계속 돌릴 수 있다는 점에서 차이가 있다. 220V를 지원하기 때문에 멀티탭만 준비하면 다양한 제품을 연결해서 사용할 수 있다는 장점이 있다. 반면 무겁고, 저소음 제품이라 하더라도 엔진 돌아가는 소음이 나며, 매연도 나오기 때문에 주변의 관측자들에게 민폐를 끼칠 수 있는 여지가 있다. 따라서 충전을 오랫동안 할 수 없는 환경에서 며칠씩 별을 보는 상황이 아니라면 배터리 사용을 권한다.

콘센트는 필자가 가장 좋아하는 전원이다. 개인 천문대 등을 방문하면 군데군데 220V 콘센트가 마련되어 있어 배터리 없이 전원을 손쉽게 사용할 수 있다. 물론 배터리를 사용하는 경우에는 멀티탭과 각 기기용 어댑터를 주렁주렁 들고가야 한다는 불편함이 있지만, 그래도 배터리에 비해 안정적으로 전기를 사용할 수 있다는 강점이 있다. 물론 가고자 하는 관측지에 전원이 있는지 먼저 확인할 필요가 있다.

자동차에는 시거잭이 있어서 키를 ON에 놓거나 시동을 걸면 시거잭을 통해 12V

직류 전원을 사용할 수 있다. 어차피 관측지에 대부분 차를 가져가기 때문에 시거잭을 사용하면 별도의 배터리를 가지고 갈 필요가 없을 것 같지만, 사실 아주 급한 경우가 아니라면 사용을 말리고 싶다. 시동을 켜지 않고 12V를 사용할 경우, 정신없이 별에 집중하다 보면 배터리가 방전되어 집에 갈 때 시동이 걸리지 않아 난감해질 수도 있고(특히 겨울에), 그렇다고 시동을 걸어놓고 사용하자니 매연도 나오고, 특히 여름에는 엔진 냉각이 제대로 이루어지지 않아 엔진의 수명에도 좋지 않다.

## 전원과 각 전자기기의 연결

전원이 준비되었으면 이제 전원을 사용하는 기기와 연결해야 한다. 일단 각 기기별로 전압은 얼마가 필요한지 알고 있어야 한다. 제품마다 입력 전압의 차이가 있을 수 있으니 제품 스펙을 보고 판단해야 한다. 필자가 가진 제품의 대부분은 12V를 사용하기 때문에 별도로 전압을 조절할 필요가 없지만, 예를 들어 배터리의 전압은 12V인데 적도의는 9V를 사용해야 한다면 DC-DC와 같은 간단한 전자부품을 이용해 전압을 맞춰주거나 별도로 9V짜리 배터리를 구입해야 한다. 성가신 일이다. 배터리 전압이 사용기기의 전압보다 낮으면 그냥 오작동할 뿐이지만, 이와 반대로 배터리 전압이 과도하게 높은 경우에는 기기가 망가질 수도

9-4

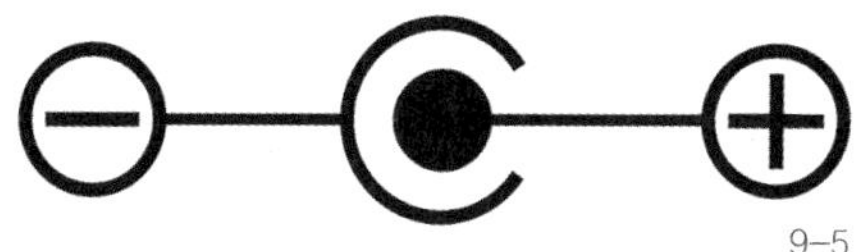

9-5

DC 플러그의 안쪽이 +인지 바깥쪽이 +인지는 전원 공급장치 혹은 장비에 새겨져 있는 위와 같은 마크를 확인하면 알 수 있다. 그림에 의하면 플러그의 중심부가 +, 외곽 부분이 -이다.

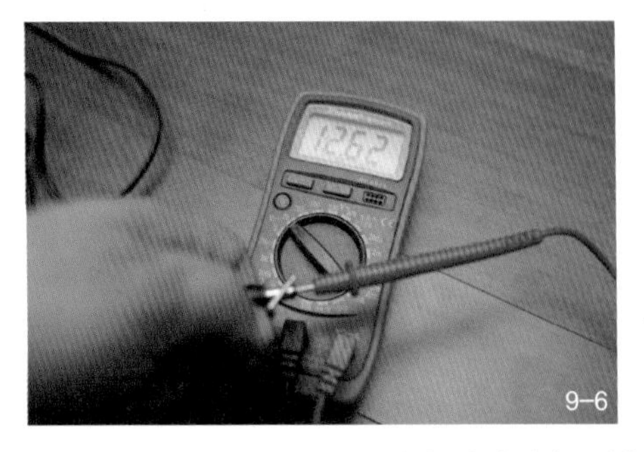

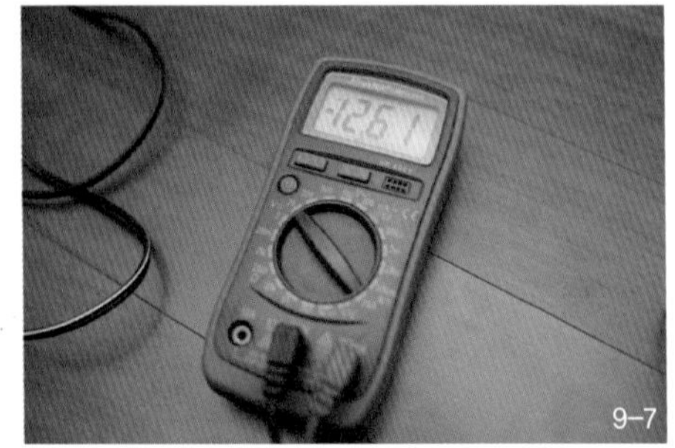


멀티미터를 이용한 +- 확인. 멀티미터의 붉은색 선이 +, 검은색이 -이다. DC 플러그의 중심부가 +인 경우, 이를 전원 케이블과 연결했을때 +12V가 나오면 제대로 된 것이며, -12V(9-7)로 나오면 전류가 반대로 흐르고 있는 것이다.

있기 때문에 주의해야 한다.

전압 이외에 전극의 방향도 신경 써야 한다. 세트로 판매되는 망원경의 경우 배터리 팩과 전원 케이블이 공장에서 제작되어 박스에 포함되어 있지만, 경통과 가대 등을 각각 구입한 경우나 전원을 다른 것으로 바꾸게 되면 여기에 맞는 전원 케이블을 별도로 제작해야 하는 경우가 종종 발생한다. 이때 전원의 +- 방향이 바뀌면 비싼 천체망원경의 전자회로가 손쓸 겨를도 없이 순식간에 망가진다(이런 사고를 막기 위한 역전압 방지 장치가 있는 제품도 있다). 전원과 기기는 주로 DC 플러그를 사용해서 연결하게 되는데, DC 플러그의 가운데 구멍 부분이 +, 주변부가 -인 경우가 대부분이다. 하지만 이와 반대인 전자기기도 있기 때문에 전원 입력 부분에 있는 표시(9-5)를 꼭 확인해야 한다.

기성품을 사용한다면 DC 플러그의 양쪽이 병렬로 제작되어 극성이 바뀌게 되는 경우가 거의 없지만, 부품을 구입해서 자작을 하거나 머리 부분을 교체하여 DC 플러그의 규격을 바꿔가며 사용할 수 있는 제품을 사용할 경우에는 극성이 바뀔 가능성이 종종 있다. 이로 인한 사고를 막기 위해서는 멀티미터를 이용한 통전 실험을 통해 전선의 극성이 제대로 되었는지 확인해야 한다.

## 가방 및 수납 제품

망원경이나 아이피스를 포함한 광학기기는 충격으로부터 안전하게 보호할 필요가 있으며, 그냥 들고 다니는 것보다는 케이스에 넣어서 보관 및 운반을 하는 것이 안전하다. 망원경을 넣을 수 있는 케이스 혹은 가방은 소재에 따라서 소프트 케이스와 하드 케이스로 나눠볼 수 있다. 소프트 케이스는 주로 나일론와 같은 섬유 재질의 가방에 충격을 흡수할 수 있는 스펀지를 가방 안쪽에 부착한 형태로, 낚시 가방을 생각하면 될 것이다(실제로 작은 망원경이라면 낚시 가방을 활용해보자).

망원경에 따라 전용으로 나오는 소프트 케이스가 있는데, 아무래도 특정 모델에 맞춰서 나오기 때문에 가방이 망원경과 사이즈가 잘 맞을 뿐만 아니라 스펀지도 적절하게 들어가 있어 안전하고 편리하다. 하지만 구하기 쉽지 않고 가격도 비싸다.

하드 케이스는 주로 알루미늄으로 만들어 튼튼하다. 몇몇 망원경 메이커에서 자사에서 만든 경통을 수납하기 위한 전용제품을 출시하고 있지만 가격이 만만치 않고 해당 제품 외에는 수납이 어렵다. 고가의 경통을 구입할 예정이라면 하드 케이스를 주문 제작하는 것도 좋은 방법이다. 국내에도 알루미늄 케이스를 잘 만드는 곳이 몇 군데 있으며, 원하는 치수로 주문하면 택배로 금방 받아볼 수 있다. 하지만 주문 제작인 만큼 단가가 조금 높기 때문에 고가의 망원경을 보관해야 하는 경우에만 추천한다.

하드 케이스를 주문할 때 가장 중요한 것은 치수이다. 너무 타이트하게 제작 주문할 경우 1~2mm 차이로 망원경이 들어가지 않을 수 있으므로 약간 여유 있게 하는 것이 좋다.

9-8 8인치 SCT용 케이스. 소프트 케이스지만 튼튼하다.

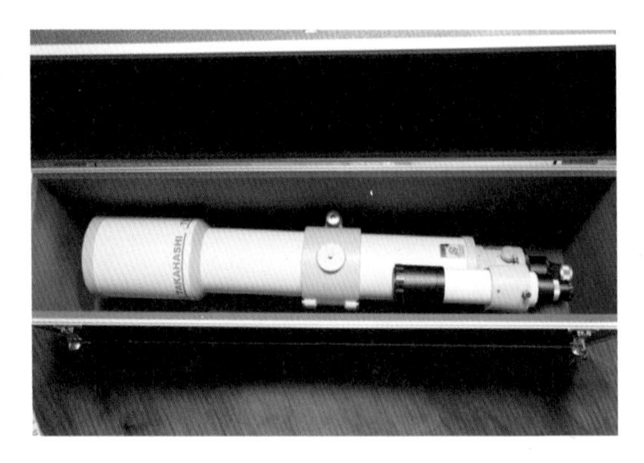

9-9 주문 제작한 하드 케이스. 제작 의뢰할 땐 치수를 조금 넉넉하게 주문하도록 한다.

가장 좋은 방법은 망원경 구입시 경통이 들어 있는 박스에 포함된 스티로폼이나 스펀지를 활용할 수 있도록 치수를 재어 주문하는 것이다. 그러면 마치 전용 케이스와 같은 느낌이 들게 된다.

9-10 안쪽의 스펀지를 필요에 따라 뜯어낼 수 있는 알루미늄 케이스가 아이피스 가방으로 제격이다.

아이피스나 바로우 렌즈 등과 같은 접안용 액세서리는 별도의 가방이나 보관함을 마련하여 이용하는 것이 편리하다. 아이피스의 개수가 몇 개 없거나 가벼운 것을 주로 사용한다면 플라스틱 밀폐용기 등을 이용하여 비용을 절약하면서도 간편하게 보관할 수 있지만, 아이피스의 개수가 많아지거나 고급 아이피스를 마련했을 경우에는 밀폐용기보다는 튼튼한 알루미늄 가방이 안전하다. 인터넷에서 찾아보면 가방의 안쪽이 스펀지로 가득 차 있고, 필요에 따라 스펀지를 뜯어내어 공간을 만들 수 있는 형태의 가방이 아이피스용으로 제격이다. 꼭 알루미늄이 아니더라도 펠리컨케이스 등과 같이 튼튼한 플라스틱으로 되어 있는 제품도 있으므로 예산과 취향에 맞게 준비하도록 하자.

## 의자와 테이블

관측지에서 망원경을 밤새도록 들여다보는 것은 힘든 일이다. 당연한 이야기지만 서서 망원경을 보는 것보다는 앉아서 보는 것이 훨씬 편하다. 적도의에 얹은 뉴턴식 반사망원경이나 대구경 돕소니언 망원경의 경우에는 그 구조상 앉아서 보기가 어렵지만, 중간중간 앉아서 쉴 곳이 있으면 편안하다. 보통은 캠핑용 접이식 의자와 테이블만 있으면 간단하게 들고 다니면서 활용할 수 있다.

까치발을 들고 들여다봐야 할 정도로 키가 큰 돕소니언은 캠핑용 의자보다는 사다리처럼 생겨서 올라설 수도 있고 앉아 있을 수도 있는 관측용 의자가 제격이다. 이는 창고형 할인매장에서 간혹 발견할 수 있다. 천체망원경 브랜드에서 나오는 의자도 있지만 가격이 상당하다.

관측 시 필요한 성도나 음료 등을 올려놓을 수 있는 테이블도 하나 준비하면 아주

9-11 필자가 애용하는 캠핑용 테이블. 이 위에 노트북을 올려서 사용하면 편리하다. 카메라가 작동하는 동안 쌍안경으로 밤하늘을 보는 것은 큰 호사가 아닐 수 없다.

편리하다. 알루미늄 박스를 많이 들고 다닌다면 이를 의자 및 테이블로 사용할 수도 있다. 하지만 캠핑용 테이블을 사용하면 좀 더 편리하고 우아하게 천체관측을 즐길 수 있다. 차 안에 이를 넣을 수 있는 공간이 남아 있다면 간단히 접을 수 있는 테이블을 하나 고려해보도록 하자.

## 성도

성도(星圖)는 말 그대로 별자리 지도이다. 별자리만 간단하게 표시되어 있는 것이 있는가 하면, 아주 어두운 별은 물론 성단이나 은하 같은 딥스카이(Deep-Sky) 천체의 위치가 아주 자세히 표시되어 있는 제품도 있다. 별보기 초보자라면 일단 별자리판이나 간단한 성도를 이용해 별자리와 밝은 별의 위치, 이름을 외우는 데 활용하자.

본격적으로 안시관측을 시작하면 이보다 좀 더 정밀한 성도가 필요하다. 이 단계에서는 Sky & Telescope에서 나온 『Pocket Sky Atlas』를 추천하고 싶다. 80개의 차트로 구성되어 있으며, 7.6등급까지의 별이 표시되어 있고, 1,500여 개의 딥스카이 천체가 표시되어 있어 소형 망원경으로 볼 수 있는 웬만한 것들은 다 포함되어 있다

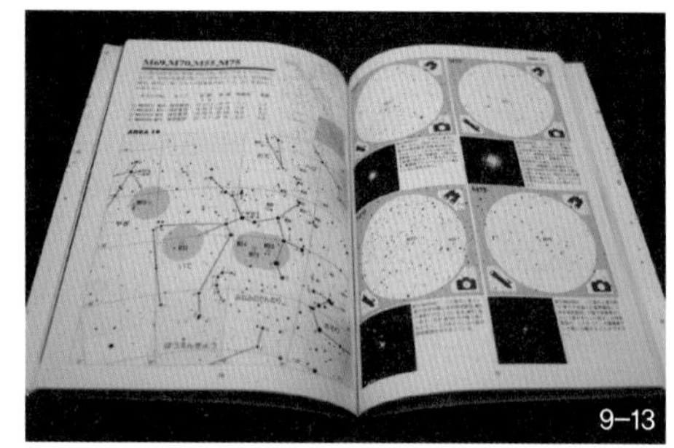


메시에 천체를 아주 쉽게 찾을 수 있게 구성한 책이다. 일본어를 전혀 몰라도 볼 수 있다.

고 할 수 있다. 스프링 제본이 되어 있어 펼쳐 보기에도 편리하다.

이보다 조금 더 간단하면서도 유명한 대상을 보는 데 도움을 줄 수 있는 성도로는 일본에서 나온 『星雲星団ウォッチング(성운성단왓칭구)』를 추천하고 싶다. 유명한 메시에 천체 위주로 보다 쉽게 찾는 방법을 알려준다.

9-14 『쌍안경 천체관측 가이드』는 쌍안경뿐만 아니라 소형 망원경으로 볼 만한 대상을 찾기에 아주 적당한 성도를 제공하는 책이다.

소형 망원경이나 쌍안경을 주로 이용한다면 『쌍안경 천체관측 가이드』라는 쌍안경 관측 안내서에 있는 성도가 편리하다. 쌍안경을 사용했을 때 원하는 관측 대상을 쉽게 찾아갈 수 있도록 구성되어 있다.

5~6인치급 망원경을 사용한다면 위에서 언급한 성도만으로도 충분하겠지만 8인치급 이상의 망원경을 사용하여 별자리의 딥스카이를 찾는 데 어느 정도 익숙해졌다면 조금 더 정밀한 성도를 사용하는 것이 좋다. 대표적인 것이 『스카이 아틀라스 2000.0(Sky Atlas 2000.0)』이라는 성도로서 국내에도 상당히 알려져 있다. 26페이지로 구성되어 있으며, 8.5등성까지 표시되어 있고, 81,312개의 별과 2,700개의 딥스카이 천체를 담고 있어 한동안 아마추어들이 많이 사용했다. 『스카이 아틀라스 2000.0』은 검은 바탕에 흰 점이 찍힌 필드 버전, 흰 바탕에 검은 점이 찍혀 있는 데스크 버전, 그리고 컬러로 되어 있는 디럭스 버전이 있으며, 여기에 각각 코팅이 입혀져 있는 라미네이트 버전이 추가된다. 사용하기 가장 좋은 것은 역시 디럭스 버전에 라미네이트 코팅이 되어 있는 것이다. 다른 제품에 비해 가격은 비싸지만 보기에 편리하고, 코팅이 되어 있어서 습한 환경에서도 부담이 없다.

종이로 된 성도 이외에도 PC나 태블릿, 스마트폰에서 볼 수 있는 성도도 많이 나와 있다. 이러한 디지털 성도의 경우 검색 기능이 있어 종이 성도에 비해 성도상에서 내가 원하는 대상을 찾기가 매우 쉽다. 예를 들어 M1이 어디 있는지 모를 때 검색만 하면 어디에 있는지 바로 표시해준다. 또한 천체망원경과 연결하는 기능이 있는 S/W의 경우 PC나 모바일 상에서 적도의를 제어할 수 있다는 장점이 있다. 대표적인 S/W는 다음과 같다.

| 이름 | 특징 | 구동 OS |
|---|---|---|
| The Sky X | 천문 소프트웨어의 명가 Software Bisque에서 만든 천문 소프트웨어. 가장 상위 버전인 The Sky Professional의 경우 160만 개의 천체에 관한 정보 및 10만 개의 사진이 탑재되어 있으며, 적도의 제어는 기본, Add on 추가 시 카메라 제어, 돔 제어 등이 가능하다. 플라네타리움보다는 과학 연구용 소프트웨어에 가까운 성격을 지니고 있다.<br>http://www.bisque.com | Mac OS X<br>Windows |
| Stellarium<br>(스텔라리움) | 오픈소스 플라네타리움 소프트웨어. 60만 개의 항성 정보와 8만 개의 딥스카이 정보를 담고 있으며, 망원경 제어도 물론 가능하다. 사용자의 망원경 초점거리와 아이피스에 관한 정보를 입력하면 실시야각이 어느 정도 나오는지 보여주는 기능은 아이아이피 선택할 때 무척 유용하다. 무료로 배포되기 때문에 누구나 쉽게 이용할 수 있다는 것도 큰 장점이다.<br>http://www.stellarium.org/ko/screenshots.php | Linux<br>Mac OS X<br>Windows<br>Ubuntu 등 |
| Starry Night<br>(스태리나잇) | 별자리를 보여주는 기능을 제공하면서도 행성의 표면이나 달의 모습, 행성 탐사선에서 바라본 행성의 모습 등을 화려한 그래픽으로 볼 수 있는 소프트웨어. The Sky X가 과학 연구용에 가깝다면 스태리나잇은 교육용 소프트웨어의 성격이 강하다.<br>https://simulationcurriculum.com/ | Mac OS X<br>Windows |
| SkySafari<br>(스카이사파리) | 모바일 기기용 천문 프로그램의 선두주자 격이다. SkySafari 5, 5Plus, 5Pro 등의 버전이 있다. Pro 버전의 경우 2500만 개의 항성, 74만 개의 은하, 63만 개의 태양계 천체에 관한 데이터베이스를 갖추고 있으며, 별도의 장비를 구입하면 유선, 무선LAN, 블루투스를 통해 천체망원경을 원격제어할 수 있다.<br>https://simulationcurriculum.com/ | iOS<br>Android |

위에서 소개한 종이 성도나 디지털 성도 이외에도 다양한 제품이 시중에 나와 있으니 본인의 취향에 맞는 것을 선택하면 좋을 듯하다. 종이 성도의 경우 휙휙 넘기면서 빨리 찾아보는 맛이 있고, 종이 사이즈만큼 시원하게 보인다. 또 배터리가 떨어질 염려 없이 사용할 수 있다는 장점도 있다. 디지털 성도는 PC나 모바일 기기가 반드시 필요하다. PC의 경우 손에 들고 가볍게 보기 어렵고 모바일은 커다란 태블릿을 사용하는 것이 아닌 이상 스마트폰의 작은 화면을 통해 봐야 하기 때문에 불편하다. 보통은 나이트 모드를 지원하여 암적응이 깨지지 않게 붉은색으로 화면을 표시하지만, 화면 밝기를 가장 어둡게 해놓더라도 밝게 느껴진다. 즉, 화면을 보다가 밤하늘을 쳐다보면 별이 잘 보이지 않는다. 하지만 간단하게 적도의를 제어할 수 있다는 점과 많은 정보를 담고 있는 것은 종이 성도가 가질 수 없는 매력이다.

## 손전등

성도를 보려면 불빛이 필요하다. 하지만 그냥 흰색 불빛을 사용할 경우 암적응이 깨져 관측에 방해가 된다. 하지만 붉은색 전등을 사용하면 **암적응*** 상태를 계속 유지할

붉은색 손전등으로도 암적응을 해치지 않으면서 성도나 책을 충분히 잘 볼 수 있다. 태블릿이나 스마트폰용 성도를 사용할 경우에는 오른쪽 사진과 같이 나이트 모드를 사용하면 화면이 붉은색으로 바뀌어 암적응을 방해받지 않는다.

*암적응이란?

눈이 어둠에 적응하는 것을 말한다. 어두운 곳에 갑자기 들어가면 사물이 보이지 않다가 서서히 보이게 되는데 이를 암적응이 되었다고 한다. 눈에 있는 빛을 감별하는 두 가지 세포, 즉 간상세포와 원추세포 중에서 색을 구별하지 못하지만 빛에 민감한 간상세포가 활성화되기 위해서는 로돕신이라는 단백질이 합성되어야 하는데, 이 과정에서 어느 정도 시간이 필요하다.

암적응이 된 상태에서 밝은 빛을 보면 암적응 상태에서 벗어나게 된다. 로돕신 합성에는 비타민 A가 필수적이며, 이것이 부족할 경우 로돕신 합성이 제대로 이루어지지 않아 밤에 잘 보이지 않는 야맹증이 생긴다.

수 있기 때문에 천체관측에는 반드시 필요하다.

천체관측용으로 나온 붉은색 랜턴을 사용해도 좋고, 기존의 흰색 랜턴에 붉은색 셀로판지를 붙여서 사용해도 상관없다. 하지만 아무리 붉은색 전등이라 해도 너무 밝은 것은 곤란하다. 천체관측용 랜턴의 경우 밝기가 적당하게 되어 있어 유용하다.

손에 들고 사용하는 손전등보다 머리에 쓰는 랜턴을 사용하면 양손이 자유로워지기 때문에 편리하다. 참고로 노트북 PC나 스마트폰의 경우 천문 프로그램에 포함되어 있는 나이트비전(Night Vision) 모드를 활성화시키면 화면이 붉은색으로 표현되어 암적응이 깨지는 것과 주변에 피해 주는 것을 어느 정도 방지할 수 있다.

## 열선밴드

관측지의 날씨가 맑아서 열심히 별을 보고 있는데, 혹은 장시간 공들여 사진을 찍고 있는데 이것을 한 번에 망치는 것이 있으니, 바로 이슬과 서리이다. 날씨가 좋아서 모처럼 장비를 주섬주섬 챙겨 멀리 나갔건만, 습도가 높은 상태에서 밤에 온도가 내려가면 망원경에 이슬이 맺힌다. 경통에 맺힌 것이야 닦아내거나 말리면 그만이지만 반사경, 렌즈, 특히 SCT 보정판에 맺힌 이슬을 바라보고 있으면 좌절감이 밀려온다(뉴턴식 반사망원경은 구조상 거울에 이슬이 잘 내리지 않는다).

습기가 많으면 렌즈나 보정판 앞에 이슬이 맺히고 추울 때는 서리가 내리기도 한다(9-17). 심한 경우 망원경의 나사에 녹이 생긴다(9-18).

자그마한 헤어드라이어가 있다면 잠깐씩 작동시켜 이슬을 없앨 수 있지만, 주경, 가이드 망원경, 파인더, 아이피스에 동시다발적으로 발생하는 이슬을 없애기에는 역부족이다. 차라리 습기가 아주 많은 날에는 빨리 장비를 접는 게 좋은 선택일 수 있다.

하지만 모처럼 나왔는데, 게다가 하늘도 제법 맑은데 그냥 접고 돌아갈 수 없다는 결심이 섰다면 열선밴드를 사용하는 것을 권하고 싶다. 열선밴드는 전기를 열로 바꿔주는 역할을 하며, 렌즈나 보정판을 대기온도보다 높게 해주어 이슬이나 서리가 맺히는 것을 막아준다.

사실 우리나라 기후에서는 이 열선밴드가 거의 필수라고 할 수 있다. 예전에는 가격이 비싼 편이었지만 최근에는 저렴한 제품이 많이 나와 있기 때문에 부담없이 구입이 가능하다. 물론 수도 파이프 동파 방지용 열선을 구입해서 직접 만들어볼 수도 있다. 하지만 대기온도보다 약간만 온도를 올려주면 되는데 동파 방지용 열선을 사용하면 온도가 너무 많이 올라가는 경향이 있기 때문에 가급적 천체망원경용으로 나온 제품

자신이 사용하는 경통의 지름에 맞는 열선밴드를 사용한다. 전원 공급 방식도 12V, 5V 등 다양하기 때문에 자신의 전원에 맞는지 확인해보자. 열선밴드는 경통 후드 부근에 말아서 사용하며 벨크로로 고정하도록 되어 있다. SCT의 경우 보정판 주변을 감싸주도록 한다.

을 사용하는 것이 좋다.

굴절망원경의 경우에는 후드 위에, SCT는 보정판 주변에 장착하며, 가급적 아이피스, 파인더 렌즈, 파인더의 아이피스 등 이슬이 내릴 가능성이 있는 곳에는 모두 설치하는 것이 좋다. 반사망원경의 구조상 주경에는 이슬이 잘 생기지 않지만 경통의 입구에서 가까운 곳에 있는 부경에 이슬이 내리는 경우가 있다. 이를 대비해서 부경의 뒤쪽에 장착할 수 있는 형태의 열선도 시중에 나와 있으니, 부경에 내리는 이슬이나 서리에 스트레스를 받고 있다면 한번 고려해볼 만하다.

## 후드

경통의 보정판이나 렌즈 앞에 장착한 원통 형태의 구조물을 후드라고 한다. 후드는 주변에서 들어오는 잡광을 차단해 망원경이 제 성능을 내게 해준다. 또한 이슬이나 서리도 어느 정도 방지해준다.

보통 굴절망원경에는 기본적으로 후드가 장착되어 나와 별로 고민하지 않아도 되지만, SCT는 망원경 메이커에서 나오는 전용 후드를 사용하거나 자작해서 사용해야 한다. 물론 이슬 내릴 걱정이 없는 건조한 지역이나 잡광 차단이 필요없는 환경이라면 굳이 장착할 필요는 없다.

뉴턴식 방사망원경이나 튜브 형태의 돕소니언은 경통 아래쪽에 미러가 장착되어 있어 후드를 별도로 장착할 필요는 없지만, 접안부의 반대쪽에 적당한 크기의 후드를 장착하면 경통의 대각선으로 들어오는 빛이 접안부로 들어오는 것을 차단해 잡광으로 인해 콘트라스트가 떨어지는 것을 막을 수 있다. 트러스식 돕의 경우 트러스 주변에 두르는 암막이 후드 역할을 한다고 할 수 있다.

SCT 전용의 경통 후드(9-21)와 뉴턴식 반사망원경용 자작 후드의 모습(9-22)

별것 아닌 것 같은 외관이지만, 잡광을 가려주는 것은 물론 이슬 방지 역할까지 해주는 효자 아이템인 후드에 투자하는 것을 아끼지 말자.

## 이슬과 서리를 방지하는 방법

이슬과 서리가 망원경에 생기기 시작하는 것은 감으로 알 수 있다. 공기가 습해진다는 느낌이 들 때 망원경 경통에 손을 대보면 살짝 습기가 느껴진다. 시간이 조금 더 지나면 비에 젖은 것처럼 축축해지기도 하고, 기온이 영하로 떨어지면 서리가 생겨 망원경이 꽁꽁 얼어붙어 있는 광경을 볼 수 있다. 물론 렌즈가 흐려지기 때문에 안시관측은 물론 사진 찍는 것도 어려워진다. 경통 외관이 젖거나 어는 것은 닦아내면 그만이지만, 렌즈나 보정판이 심하게 젖은 경우에는 얼룩이 생기거나 습기로 인해 렌즈 내부에 곰팡이가 필 수도 있다. 그렇기 때문에 가급적 이슬이나 서리를 방지하는 것이 관측 시의 편의적인 측면에서뿐만 아니라 장비 관리의 측면에서도 중요하다.

망원경에 이슬과 서리가 생기는 것을 방지하는 방법은 다음과 같다.

- 후드를 장착한다. 후드의 길이가 충분치 않다고 생각되면 검은색 종이나 유연한 재질의 플라스틱 판을 이용해 후드의 길이를 늘릴 수 있는 장치를 직접 만들어보는 것도 좋은 방법이다. 특히 파인더에서 후드라 부르기도 민망할 정도로 짧은 경우가 있는데, 상시로 검은색 도화지와 고무밴드를 준비했다가 습기가 높아진다 싶으면 후드 위에 검은색 도화지를 둘둘 감고 고무밴드로 고정시키면 간단하게 후드의 효과를 볼 수 있다. 물론 종이이기 때문에 하루 쓰면 버려야 한다는 단점도 있다.
- 열선을 사용한다. 천체망원경용 열선을 사용할 수도 있고 자작도 가능한데, 자작의 경우 온도가 너무 과하게 올라갈 수 있으므로 확인 후 사용하는 것이 좋다. 예전에는 캐나다 캔드릭(Kendrick) 사의 히터가 거의 유일했지만 지금은 중국산 제품도 싸게 잘 나온다.
- 헤어 드라이어를 사용한다. 드라이어 중에서 12V로 작동하는 차량용을 이용하면 야외에서도 손쉽게 이슬이나 서리를 제거할 수 있다. 더운 바람을 사용하면 빠르고 효과적이긴 하지만 렌즈나 보정판의 온도가 올라가 망원경의 상이 안정되려면 시간이 걸린다. 따라서 더운 바람보다는 찬바람 모드를 이용하는 것이 좋다.
- 후드도, 열선도, 드라이어도 없다면 핫팩을 사용하는 것도 가능하다. 핫팩을 한두 개 정도 렌즈 주변에 고무밴드로 고정시켜놓으면 밤새도록 이슬을 방지할 수 있다. 핫팩은 특히 사진 렌즈로 천체사진을 찍을 때 사용하면 편리하다.

CHAPTER 10

# 장비의 설치와 활용법

# 관측에 적당한 장소

망원경을 마련했으면 이제 본격적인 설치를 해볼 차례이다. 망원경 및 가대, 삼각대의 종류에 따라 설치 방법이 조금씩 다르기 때문에 제품 구입 시 함께 **제공되는 설명서를 반드시 읽고**(최소한 3번, 최대한 이해할 수 있을 때까지) 따르도록 해야 한다. 이 책에서는 필자가 가지고 있는(혹은 있었던) 망원경과 적도의를 기준으로 설명한다.

새로 산 망원경을 시험하기 위해 집 안에서 망원경을 조립할 경우에는 해당되지 않지만, 본격적으로 천체관측을 하기 위해 야외로 나가려 한다면 일단 장소에 대해 생각해봐야 한다. 별보기 좋은 장소는 따로 있기 때문이다.

예전에는 별보기 좋은 관측지에 대한 정보를 온라인 동호회 등을 통해 비교적 쉽게 접할 수 있었다. 하지만 최근에는 관측지 정보를 공유하지 않거나 암호와 같은 단어를 이용해 정보를 노출시키지 않으려 하는 경향이 보인다. 조용하고 아름다웠던 관측지가 미디어 등에 노출되면서 별지기가 아닌 여러 사람들이 몰려와 관측을 방해하여(〈5장 관측지 매너〉를 다시 한 번 읽어보자) 어렵게 발굴한 관측지의 가치가 떨어져버리곤 했기 때문이다.

따라서 아는 관측지가 없다면 인터넷 검색을 통해 예전의 자료를 찾아보거나, 기존의 별지기와 친구가 되어 함께 별을 보러 다니거나, 스스로 찾아다니는 수밖에 없다. 그렇다면 어떤 장소를 찾아야 할까? 과연 관측에 적당한 지역이 있기는 할까?

### 가급적 광해가 없을 것

광해(혹은 광공해)란 말 그대로 인공 광원이 일으키는 공해를 의미한다. 인공 광원은 야생 동식물에게 나쁜 영향을 주지만 밤하늘을 밝게 만들어 별을 못 보게 만드는 주 원인이기도 하다.

사진 10-1은 전 세계 광해 정보를 볼 수 있는 www.lightpollutionmap.info에서 따온 2017년 우리나라 광해지도이다. 무색에서 초록색, 노란색, 빨간색으로 갈수록 광해가 심하다는 것을 의미한다. 지도를 보면 대도시를 중심으로 그 주변까지 광해가

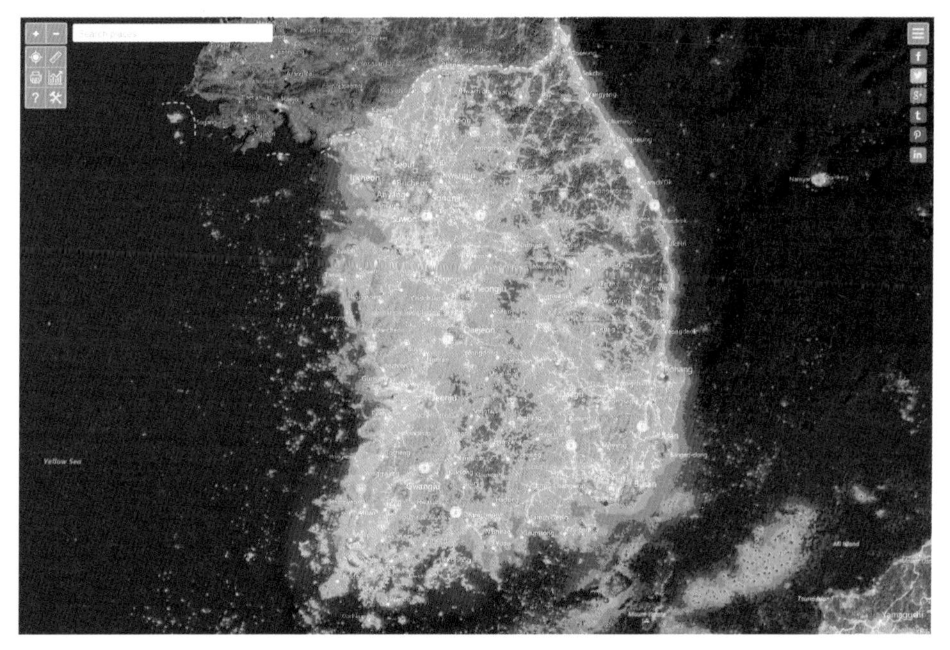

10-1 하늘에서 본 우리나라 광해지도. 별을 볼 만한 곳이 거의 없는 것이 현실이다. (Jurij Stare, www.lightpollutionmap.info Earth Observation Group, NOAA National Geophysical Data Center 제공)

심하다는 것을 알 수 있다.

도시에 사는 사람이 제대로 별을 보려면 그런대로 광해가 적은 강원도 일부, 경북의 일부, 지리산 지역, 그리고 전남 남쪽 해안으로 가야 한다. 워낙에 개발을 좋아하는 나라여서 광해가 적은 지역은 앞으로 점점 더 줄어들 것이다.

위의 사이트를 방문하여 광해가 적은 지역은 어디인지, 포털에서 제공하는 지도와 비교해보면서 차가 다닐 수 있는지, 근처에 마을이 저수지가 있는지 등을 확인해보는 것도 장소 물색에 도움이 된다.

### 고도가 높을수록 좋다

천문학자들이 이용하는 천문대는 아주 높은 곳에 위치한다. 높이 올라갈수록 대기의 먼지가 점점 옅어진다. 구름보다 더 높이 올라간다면 날씨의 영향을 거의 받지 않을 가능성이 높다.

### 주변에 습기가 없을 것

관측지 주변에 논이나 저수지 등 물이 있는 곳은 가급적 피하는 것이 좋다. 물안개가 생기기 쉬워 밤새 장비가 습기에 노출될 수 있기 때문이다.

### 북극성이 보일 것

적도의의 극축을 맞출 때 북극성이 반드시 필요하기 때문에 북극성이 산이나 건물 등에 가리는 곳은 적당하지 않다. 극축을 맞출 필요가 없는 경위대를 사용할 경우에는 북극성이 보이는지 여부가 그다지 중요하지 않지만, 북극성의 특성상 일주운동에 따른 위치 변화가 매우 적기 때문에 돕소니언 망원경의 광축을 정확히 맞추거나 파인더 정렬 시 사용하면 유용하기 때문에 반드시 북극성이 보이는 장소를 골라야 한다.

### 가로등이나 자동차 불빛의 영향을 가급적 적게 받는 곳

가로등이 있으면 암적응이 잘 되지 않을 뿐더러, 암적응이 되었다 해도 쉽게 깨지기 때문에 가로등이 있는 곳은 좋지 않다. 또한 차량이 수시로 움직여 헤드라이트가 자주 비치는 곳도 피해야 할 장소다.

# 망원경 설치 순서

## 삼각대 설치

망원경 설치의 기본은 삼각대를 설치하는 것이다. 일단 좋은 자리를 선택하는 것이 중요하다. 설치하기 좋은 자리라는 것은 습기가 없고 단단한 곳을 의미한다. 지면이 무른 곳에 장비를 설치하면 시간이 지남에 따라 장비 전체가 조금씩 가라앉으면서 애써 맞춰놓은 삼각대의 수평이나 극축, GOTO를 위한 세팅이 흐트러지기 때문에 피해야 한다. 가장 좋은 곳은 단단하면서도 주변의 충격이 전달되지 않는 다져진 흙바닥이나 콘크리트 혹은 아스팔트로 포장된 곳이다. 하지만 바닥이 딱딱한 곳, 특히 건물 옥상 같은 곳은 주변에 누가 걸어가기만 해도 그 진동이 그대로 망원경에 전달되어 흔들릴 수 있기 때문에 특히 사진촬영을 할 경우에는 주의해야 한다.

삼각대를 설치할 때 다리는 최대한 벌려서 설치하고 높이를 적당히 조정한다. 삼각대를 높일수록 안정감이 떨어지기 때문에 사진촬영을 한다면 가급적 다리 길이를 줄여서 사용하는 것이 좋다. 안시관측의 경우에도 다리 길이를 짧게 하는 것이 진동을 줄인다는 점에서 유리하지만, 망원경의 위치가 너무 낮아 자세가 불편하면 오랜 시간

타카하시의 목재 삼각대(10-2)의 경우 다리 사이에 삼각판을 설치하고 위쪽에 있는 클림프를 조여 다리를 고정한다. 최근 쉽게 볼 수 있는 금속제 삼각대(10-3)의 경우는 삼각대 지지대를 세게 조임으로써 다리를 견고하게 고정할 수 있다.

적도의의 경우 무게추가 있는 쪽에 삼각대 다리의 한쪽이 위치해야 한다. 북반구에서 별을 본다면 이 다리가 북쪽을 향하도록 설치해야 한다. 위 두 사진을 보면 무게추와 삼각대 다리 중에서 하나가 같은 방향을 향하고 있는 것을 알 수 있다.

동안 별을 보기 힘들기 때문에 딱 불편하지 않을 정도로 길이를 맞추는 것이 좋다. 삼각대의 길이 때문에 불안정해서 진동이 온다고 느껴진다면 삼각대의 가운데 부분에 무거운 물체나 물주머니 등을 매달면 한결 좋아진다. 또 모든 나사는 손으로 조일 수 있는 최대한 세게 조여서 전체적으로 견고한 상태가 되도록 한다.

대부분의 삼각대에는 벌어진 다리를 고정시켜주는 장치가 포함되어 있다. 형태는 기종에 따라 다양한데, 삼각형 모양의 금속판으로 된 것도 있고, 원형의 금속판을 나사로 밀어올리면서 세게 고정시켜주는 타입도 있다. 제품마다 다양한 형태로 다리를 고정하게 되어 있으므로 설명서를 참고하여 자신의 삼각대에 맞는 올바른 방법으로 삼각대 다리를 고정한다.

적도의를 설치하는 경우 삼각대 헤드 위에 있는 조그마한 금속핀(메이커마다 부르는 이름이 다르지만 Dowel 혹은 alignment peg, metal peg라고도 한다)이 있는 방향의 삼각대 다리가 북쪽을 향하도록 한다. 적도의의 특성에 따라 이 핀이 남쪽을 향하는 경우도, 또 아예 없는 경우도 있지만, 어떤 경우라도 무게추가 있는 쪽의 삼각대 다리는 북쪽을 향하도록 해야 한다. 적도의를 설치할 때 무게추 때문에 하중이 주로 북쪽 방향으로 쏠리게 되는데, 한쪽 다리가 북쪽을 향하지 않으면 천체망원경이 쉽게 넘어질 수도 있기 때문이다. 이는 삼각대뿐만 아니라 피어를 사용하는 경우에도 동일하다.

## 적도의 설치

삼각대 위에 적도의를 설치한다. 이때 삼각대 헤드위에 있는 금속핀이 적도의의 방위각 조절나사 사이에 들어가도록 해야 한다. 적도의에 따라서 금속핀을 사용하지 않는 경우도 있는데 이런 제품의 경우 위에서 언급한바와 같이 무게추를 장착해야 하는 부분이 북쪽을 향하도록 한다. 그래야 적경축도 북쪽을 향하게 되며 극축 망원경 설

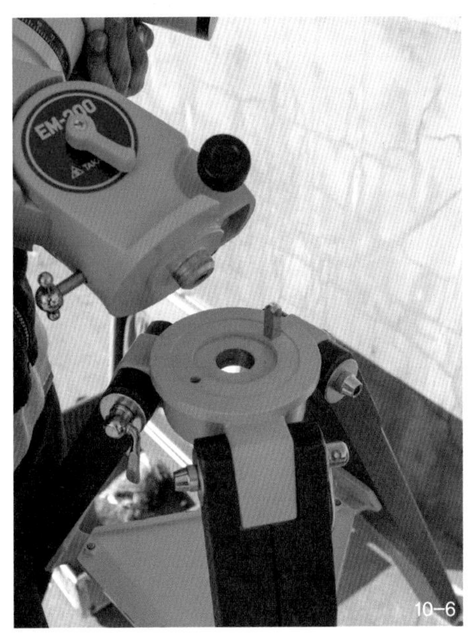


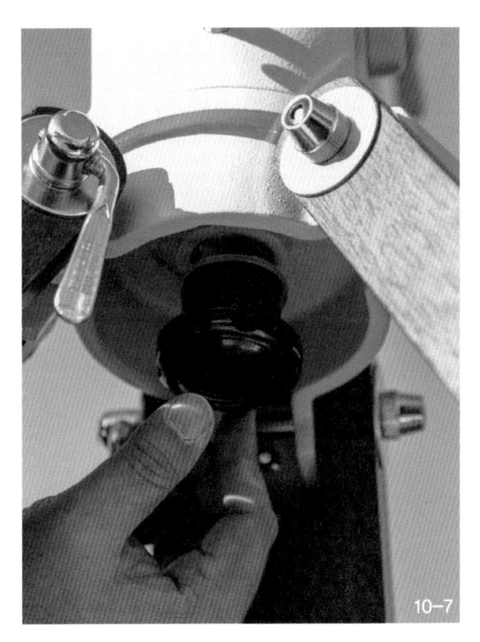


삼각대 헤드에 있는 핀의 위치를 신경 써가면서 적도의를 얹고(10-6), 적도의 고정나사를 단단히 연결한다(10-7).

정도 보다 더 쉬워진다. 적도의를 삼각대에 올린 다음에는 적도의를 고정하는 나사를 단단히 조여 삼각대와 적도의가 단단하게 결합되도록 한다.

만약 삼각대가 아니라 피어를 사용하는 경우에는 적도의에 적도의와 피어를 연결할 수 있도록 해주는 어댑터를 장착한 후 이 어댑터를 피어에 연결하고 나사를 체결한다.

적도의와 삼각대를 연결한 후 적도의가 지면과 수평을 이루고 있는지 적도의에 부착된 수준계를 통해 확인하고, 수평이 맞지 않는다면 삼각대 길이를 조금씩 조절해서 수평이 되도록 한다. 적도의의 종류에 따라 수평 조절이 필요 없는 제품도 있다. 대표적인 예가 타카하시 EM200 시리즈 적도의이다. 삼각대의 수평을 맞추지 않아도 되는 대신, 극축 망원경 몸체에 수준계가 내장되어 있어 극축을 맞출 때 극망의 위치만 수준계를 통해 조절해주는 방식으로 되어 있다. 이제 무게추를 설치한다. 무게추가 없는 상태에서 적도의에 경통을 먼저 올리면 아차 하는 순간 경통이 휙 돌아가면서

10-8 적도의와 피어는 어댑터를 이용해 연결한다. 적도의마다 바닥의 형상이 다르기 때문에 어댑터는 적도의에 따라 별도로 제작해야 한다.

10-9 경통을 먼저 장착하는 경우 비싼 경통이 망가질 수 있다. 큰 사고가 아닐 수 없다.

적도의나 삼각대와 충돌하는 불상사가 발생할 수 있다. 따라서 반드시 추를 먼저 장착하고 경통을 얹어야 한다는 점을 기억하자.

이제 적도의와 추를 연결하는 추봉을 적도의에 장착한다. 적도의에 따라 추봉이 적도의 안쪽에 내장되어 있어 아래로 쭉 뽑아내야 하는 제품이 있는가 하면, 추봉을 별도로 적도의 본체에 장착해야 하는 제품이 있다.

본체에서 추봉을 뽑아야 하는 제품인 경우 추봉을 최대한 뽑은 다음 클램프를 조여서 추봉이 움직이지 않고 고정될 수 있도록 해야 한다.

추봉에 추를 설치하는데 아직 경통을 올리기 전이기 때문에 경통을 올린 다음에 무게중심이 어떻게 변할지 모르는 상황이다. 그러므로 추가 있는 쪽이 더 무겁게 유지될 수 있도록 추를 가급적 낮은 위치에 장착한다. 추봉에 추를 꼽고 추 고정나사를 조인 후, 낙하방지 나사를 추봉 맨 끝에 반드시 장착하자. 낙하방지 나사를 장착하지 않을 경우, 추가 갑자기 추봉에서 빠지게 되면 발을

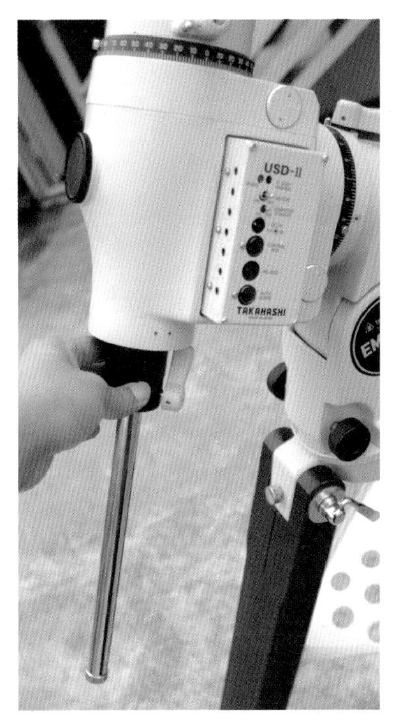


10-10 추봉이 본체에 내장되어 있는 적도의

10-11 나사 식으로 적도의 본체에 연결해야 하는 적도의

10-12

10-13

추를 달고 즉시 낙하 방지 나사(10-12)를 부착해야 발 부상을 방지할 수 있다.

크게 다칠 수 있기 때문이다(필자는 실제로 이런 사고를 두 번 정도 본 적이 있다).

추를 달았으면 이제 적도의에 경통을 얹을 차례다. 이 둘을 연결하는 방법에 대해서는 이미 2장에서 자세히 알아보았다. 여러가지 연결 방법이 있으며, 이를 다양하게 응용할 수 있다. 설명서에 나와 있는 대로만 따라하면 되기 때문에 세트로 구입한 망원경의 경우라면 사실 별로 고민하지 않아도 되는 부분이기도 하다.

일단 타카하시 방식으로 망원경을 연결하는 과정을 살펴보자. 타카하시 방식의 경우 2장에서 설명한 것과 같이 나사를 이용해 경통 밴드나 플레이트를 고정한다. 경통 밴드를 직접 연결하는 경우, 사진 10-14와 같이 경통 밴드를 열어 안쪽에 있는 구멍을 통해 적도의와 볼트로 연결하며, 밴드에 경통을 얹고 경통 밴드를 닫은 후 잠금나사를 조임으로써 완료된다.

10-16과 같이 금속 플레이트에 경통 밴드를 얹어서 사용하는 경우, 역시 마찬가지로 볼트를 이용하여 플레이트를 적도의에 고정하고, 밴드에 경통을 올린 후 경통 밴드를 조여서 단단하게 고정한다.

이번에는 도브테일 바를 이용한 경통 연결 방법을 알아보자. 이 형식의 제품들은 연결 방법이 너무나 간단하다. 적도의 헤드에 있는 나사를 풀고, 헤드에 있는 홈에 도브테일 바가 들어가도록 한 다음 나사를 조이면 그만이다(사진 2-28). 단, 이때 나사를 조이기 전에 경통이 떨어지지 않도록 한쪽 손으로 잘 잡고 있어야 한다. 운이 없으면 경통이 쭉 미끄러져 바닥으로 떨어질 수 있기 때문이다.

Tip

경통 밴드를 적도의에 고정할 때 첫 번째 볼트를 손으로 돌려 경통 밴드가 살짝 끄덕거릴 정도로만 조인 후, 두 번째 나사도 역시 손으로 조인 뒤 공구를 이용하여 세게 조이도록 한다. 처음부터 볼트를 세게 조이면 두 번째 나사가 잘 들어가지 않는 경우가 생길 수도 있기 때문이다.

10-14

10-15

10-16

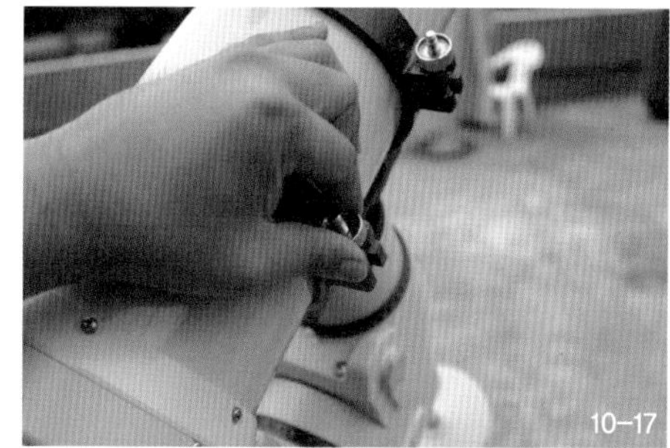
10-17

경통을 얹었으면 파인더 정렬을 해야 한다. 파인더 정렬이란, 파인더와 주경이 동일한 곳을 향하도록 파인더의 방향을 조정하는 작업을 의미한다. 주경과 파인더가 동일한 곳을 향하고 있지 않다면, 관측을 원하는 천체를 주경의 시야 안에 넣기가 매우 어렵다. 파인더 정렬을 하기 위해서는 주경에 가장 배율이 낮은 아이피스를 넣고 망원경이 전봇대나 건물의 피뢰침 등, 내가 향하고 있는 곳을 명확히 알 수 있는 대상을 향하도록 한다. 이때 배율을 조금씩 높이거나 십자선 아이피스를 이용하여 망원경의 시야 안에 대상 물체가 보다 정확하게 중심에 오도록 하면 정확도가 높아진다(사진 10-18). 이때 파인더를 들여다보면 십자선의 중심에 목표물이 들어와 있지 않다는 것을 확인할 수 있다(사진 10-19).

파인더 브라켓에 있는 나사를 조절하여 파인더를 움직여보고 어떤 나사를 돌렸을 때 파인더가 어느 방향으로 향하는지 파악한 후(사진 10-20), 파인더의 방향을 조절하

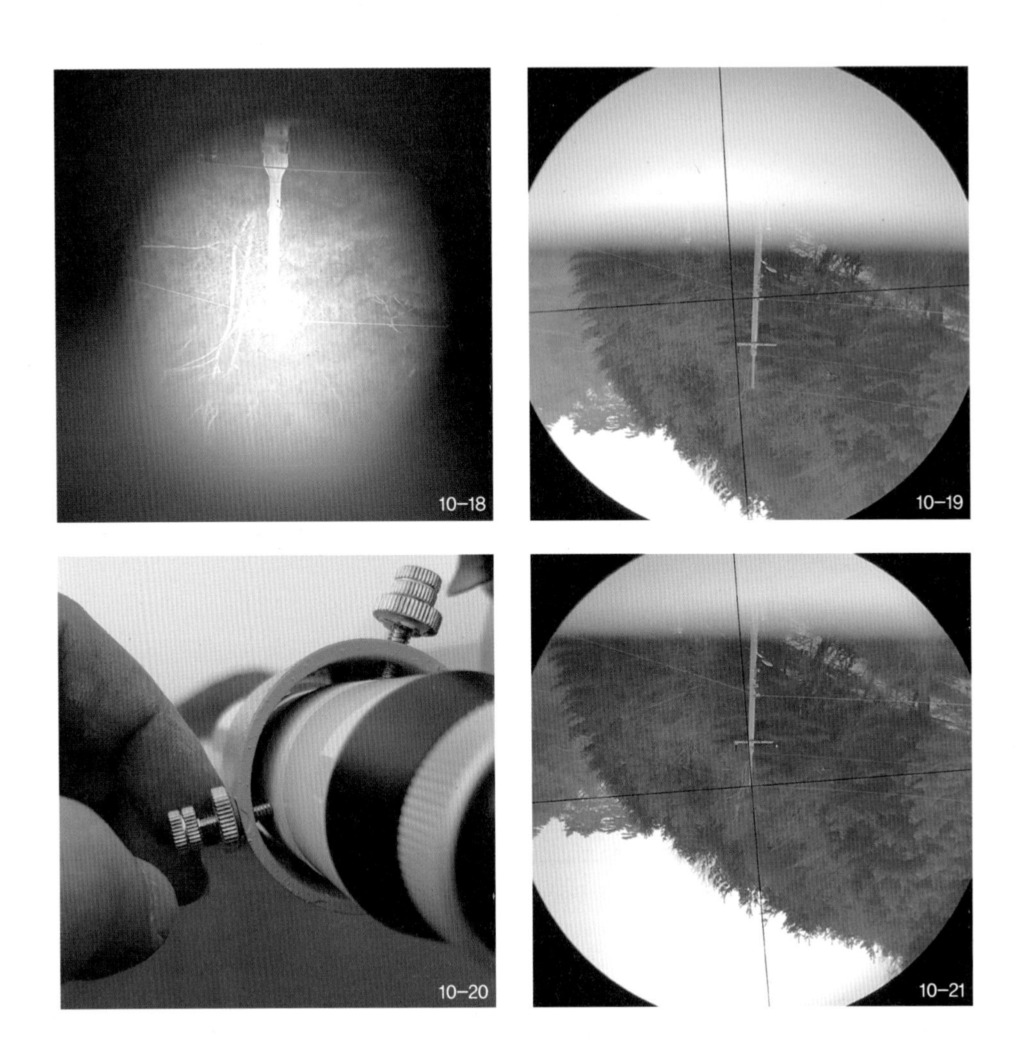


며 사진 10-21과 같이 십자선의 한가운데 목표물이 들어오도록 한다. 이 과정에서 가대를 움직이면 안 된다.

이제 무게중심을 잡아줄 차례다. 그림 10-22A와 같이 모터를 도르레에 연결하여 무거운 망원경을 들어올린다고 생각해보자. 이때 오로지 모터의 힘만으로 망원경을 움직여야 하기 때문에 모터에는 많은 부하가 걸리게 된다. 하지만 그 옆의 10-22B와

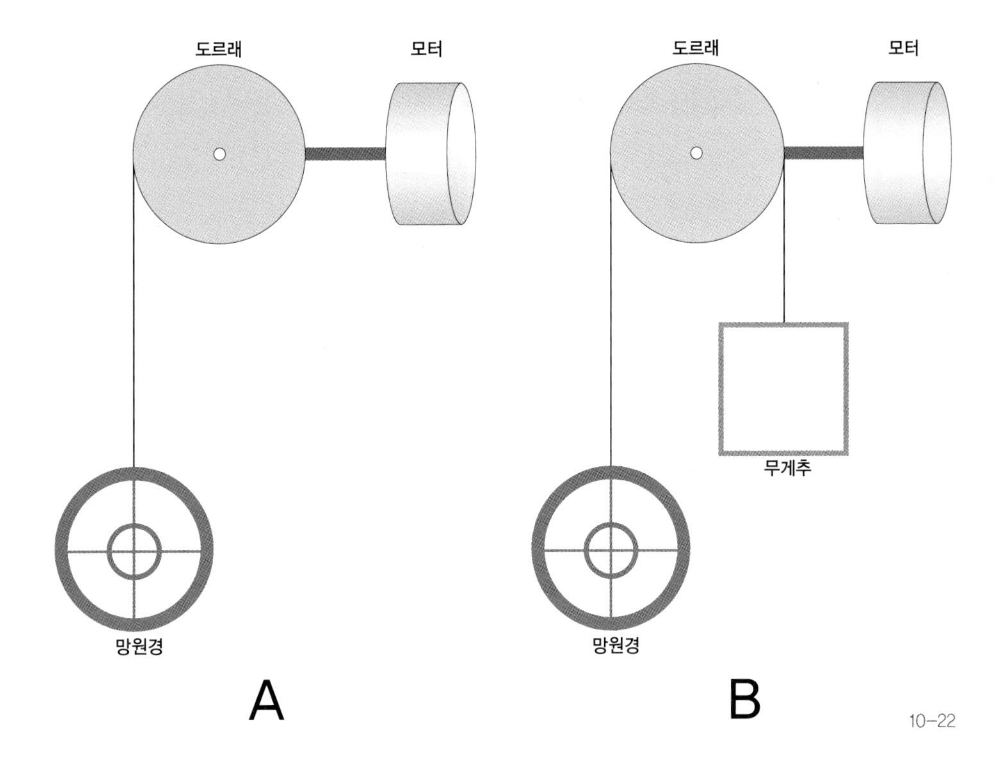


같이 반대쪽에 추를 추가해서 무게를 양쪽으로 맞추면 추의 무게와 망원경의 무게가 평형을 이루기 때문에 모터가 아주 작은 힘으로도 망원경을 올리거나 내릴 수 있게 된다. 즉, 적도의의 적위축, 적경축에 대해서 무게중심 조절을 통해 모터와 기계부품이 적은 힘으로 보다 원활하게 작동할 수 있게 되는 것이다.

무게중심을 맞추기 위해서 일단 적도의의 적경 클램프를 풀고 손으로 경통을 움직여 경통과 추봉이 지면과 평행이 되도록 한 뒤에 적경 클램프를 잠그고, 적위 클램프를 풀어 경통의 앞과 뒤의 무게중심이 어떤지 확인해본다. 어느 한쪽이 무겁다고 판단된다면 경통 밴드 잠금나사를 경통을 앞뒤로 움직일 수 있을 정도로만 살짝 풀고(다 풀어버리면 바닥에서 뒹굴고 있는 경통의 모습을 보게 된다), 경통을 살살 앞뒤로 움직여 무게중심을 잡아주며, 무게중심이 잘 맞았다고 생각되면 경통 밴드 잠금나사를 다시 조이고

10-23 경통을 앞뒤로 움직여 적위축 밸런스를 조정한다. 망원경 접안부에 아무것도 장착되어 있지 않지만, 관측 시 사용할 아이피스나 카메라를 장착하여 무게중심을 잡는 것이 정석이다.

경통이 수평 방향이 되도록 위치를 잡은 후 적위 클램프를 잠가준다. 도브테일 방식으로 연결하는 경우에는 도브테일 바를 움직여 무게중심을 조정하도록 한다.

이제 적경축의 밸런스를 조정할 차례다. 적위축은 경통을 앞뒤로 움직이며 무게중심을 잡았지만, 적경축은 추봉에 매달려 있는 무게추의 위치를 바꿈으로써 무게중심을 잡는다. 적경축 클램프를 풀고, 손으로 적경축을 위아래로 살살 움직여가며 망원경 쪽 혹은 추가 있는 쪽이 무거운지 알아본다. 경통이 있는 쪽이 무겁다면, 추를 적도의와 먼 쪽으로 옮기고, 무게추가 있는 쪽이 무겁다면 추를 적도의와 가까운 쪽으로 옮긴다. 시소의 원리와 비슷하다.

적도의의 밸런스를 맞추는 과정이 중요하지만 손의 감각으로 하는 과정이기 때문에 정확도에 한계가 있다. 케이블을 붙이거나, 적도의가 향하는 방향, 아이피스 교체 등으로 인해 관측 중에 무게중심이 조금씩 변할 수 있다. 이때 무게가 약간 변화하는 것은 적도의에서 어느 정도 견디지만, 가벼운 적도의일수록 무게중심 변화에 민감하

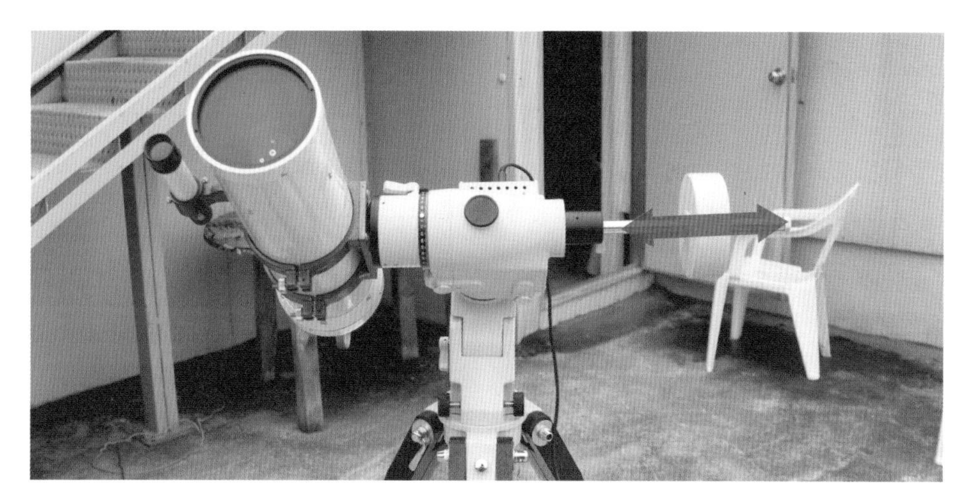

10-24 무게추를 움직여 적경축의 무게중심을 맞춘다.

게 반응하므로 주의해야 한다.

이제 적도의의 극축을 맞출 차례이다. 극축을 맞춘다는 것은 적경축이 천구의 북극 혹은 남극을 향하도록 하는 적도의의 방향을 정밀하게 조정하는 것을 의미한다. 극축을 맞추는 과정은 익숙해지면 너무나 간단해서 금방 끝낼 수 있지만, 익숙해지기까지는 수많은 시행착오를 거치게 된다. 그 이유는 사용자가 설명서를 제대로 보지 않았거나, 설명서를 봤더라도 이를 이해할 수 있는 배경지식이 없기 때문이다. 따라서 망원경을 구입하면 일단 내용을 이해할 수 있을 때까지 설명서를 열심히 읽는 것이 중요하다.

극축 망원경의 일반적인 사용법을 설명하기는 곤란하다. 그림 2-15에서와 같이 적도의 브랜드별로 극축 망원경의 모습이나 사용 방법이 다르기 때문이다. 이 책에서는 타카하시 EM200 적도의를 기준으로 설명한다.

### 극축 망원경 노출

극축 망원경을 통해 북극성을 보기 위해 극축 망원경의 뚜껑을 열어야 한다. 하지만 뚜껑만 열어서는 극축 망원경으로 북극성을 볼 수 없다. 경우에 따라 적위축이 극축 망원경을 가려서 별빛이 들어갈 수 없기 때문이다. 이런 경우에는 적도의의 적위축을 움직여 사진 10-27과 같이 적위축에 있는 구멍을 통해 극축 망원경이 노출될 수 있도록 해야 한다.

극축을 맞추기 전에 극축 망원경을 들여다보면서 극망의 시야 안에 북극성이 대충 들어와 있도록 하는 것이 편리하다. 다행히도 북극성은 2등성이고 그 주변에는 밝은 별이 거의 없기 때문에, 적도의가 북쪽을 향해 있고 극망의 시야에 밝은 별이 들어와 있다면 이 별이 북극성이라고 생각하면 틀림없을 것이다.

10-25

10-26

10-27

### 수평 맞추기

앞서서 적도의 설치 시 수평을 맞추는 것에 대해 언급한 적이 있다. 적도의에 따라 어떤 것은 삼각대 길이를 조절하여 수평을 맞추기도 하지만, 어떤 것은 삼각대의 수평 여부와는 상관없이 극축 망원경 조절 단계에서 수평을 잡는 것으로 끝난다. EM200 적도의의 경우는 후자에 속한다.

수평을 맞추기 전에 해야 할 일은 현재 관측지의 경도를 입력하는 것이다. 사진 10-28을 보면 125, 135, 145라고 쓰인 숫자가 있는데, 이는 경도값을 의미한다. 필자가 자주 가는 관측지의 경도는 135.5 정도이므로 사진에 있는 은색 나사를 살짝 풀고 흰색 눈금이 135.5를 향하도록 눈금이 붙어 있는 곳을 잡고 돌린 후 나사를 다시 잠근다.

그리고 적경 클램프를 풀고 적경축을 회전시켜 사진 10-29와 같이 수평계 안에 있는 기포가 눈금의 중앙에 오도록 한다. 이때 망원경의 위치가 이상하게 되는 경우도 있지만, 망원경이 삼각대에 닿는 것이 아닌 한 그대로 진행한다.

10-28 일본의 표준시인 동경 135도가 중심에 새겨져 있다.

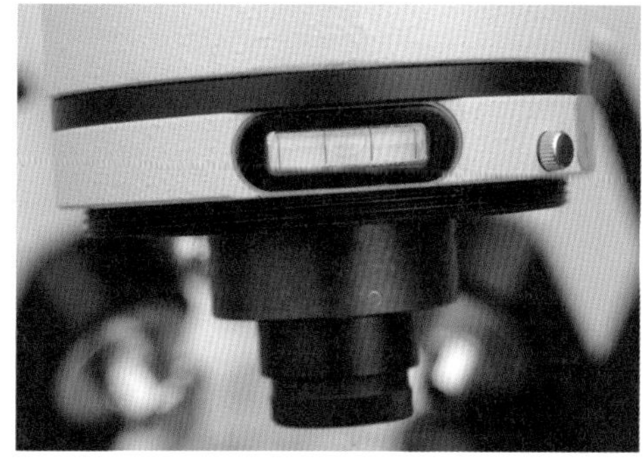

10-29 수평계 안에 들어 있는 기포가 중심에 오도록 적경축을 회전시킨다.

이제 극축 망원경 안에 북극성이 들어오도록 해야 한다. 현재의 날짜와 시간을 기억하고 극축 망원경을 들여다보면서 극축 망원경 눈금의 날짜와 시간이 현재와 일치하도록 조정한다.

예를 들어 현재의 날짜와 시간이 2016년 4월 23일이라면 극축 망원경 접안부를 돌려서 시간 눈금의 3시가 날짜 눈금의 4월 23일을 향하도록 한다(사진 10-31).

이제 적도의의 방위각 조절나사(사진 10-32)와 고도 조절나사(사진 10-33)를 이용하여 적도의를 상하 좌우 방향으로 조금씩 움직여본다.

적도의의 고도와 방위각을 조절하여 북극성이 극축 망원경의 2016년의 위치에 오도록 한다.

이렇게 함으로써 극축 정렬이 완료된다. 극축 망원경 중에서 타카하시 제품은 상당히 정밀한 편이지만, 아무래도 사람이 하는 일이기 때문에 극축을 맞추는 과정에서 조금씩 오차가 발생할 수 있다. 보다 정밀한 극축 맞추기를 위해서는 PC를 휴대해야 한다는 불편함이 있지만, 폴 마스터와 같은 전자식 극축 망원경을 사용하는 것이 편리하다.

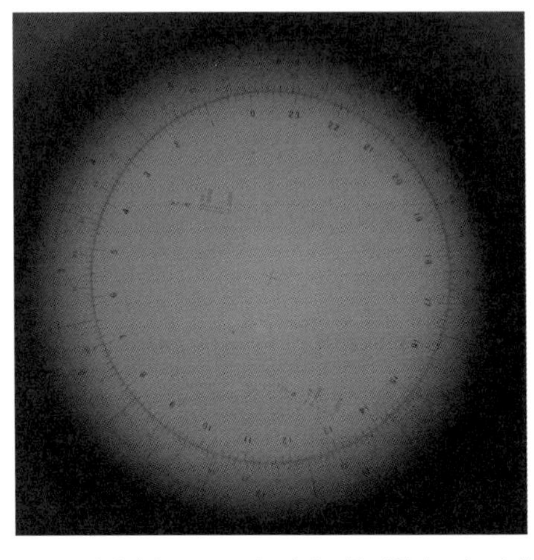

10-30 타카하시 EM200 적도의의 극축 망원경 모습. 가장 바깥쪽이 날짜, 그 안쪽에 있는 눈금이 시간을 의미하며, 중심에서 위 왼쪽에 있는 기다란 직사각형에 북극성을 집어넣는다.

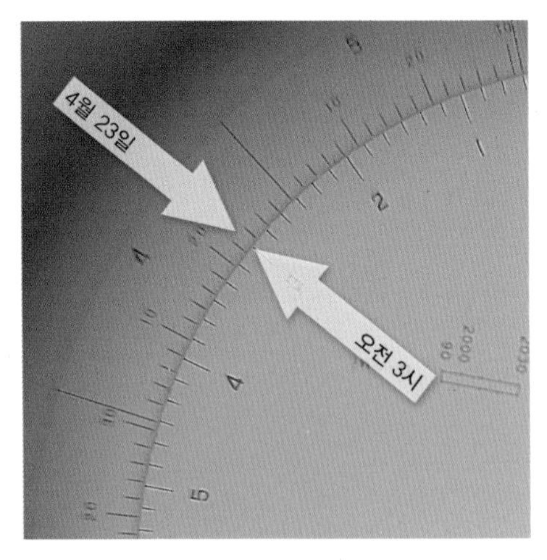


10-31 현재 날짜와 시간을 일치시킨다.

10-32

10-33

방위각 조절나사(10-32)를 움직일 때는 한쪽 나사를 풀면서 반대쪽 나사를 조이고, 고도 조절나사(10-33)의 경우 조이면 고도가 높아지고 풀면 낮아진다. 이때 무게추의 무게만으로 고도가 낮아지게 되어 있는데, 잘 움직이지 않을 때는 손으로 추봉을 살짝 눌러준다.

삼각대와 적도의, 경통을 설치하고 밸런스와 극축을 조정했으면 망원경 설치의 99%는 끝난 셈이다. 마지막으로 전원 케이블 등 각종 케이블을 연결한 후 적도의가 제대로 작동하는지 확인하고, 망원경이 충분히 냉각될 때까지 따뜻한 차 한 잔 마시면서 기다리도록 한다.

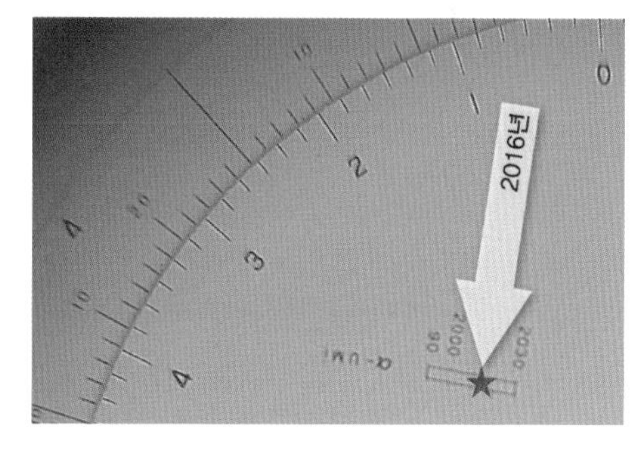

10-34 북극성을 직사각형 눈금 안 연도 표시 안에 들어오도록 한다.

CHAPTER 11

# 장비의 유지와 관리

*주의
보유하고 있는 망원경의 설명서에서 망원경의 유지 관리 방법을 제시하고 있다면 설명서를 따르도록 하며, 이 책의 내용은 참고용으로만 활용하시기 바랍니다. 이 책에서 제시하고 있는 방법을 따르다 망원경에 문제가 발생했을 경우 그 책임은 독자에게 있습니다.

모든 기계들이 그렇듯이 천체망원경도 유지 관리가 필요하다. 관리를 잘하면 오랫동안 좋은 성능을 유지하지만, 그냥 방치하면 성능이 계속 나빠지고 전반적인 수명도 단축된다. 천체망원경은 기계 + 광학기기인 만큼 아무래도 다루기가 조심스러운 것이 사실이지만, 원리만 잘 이해한다면 간단한 청소는 물론 분해, 조립도 잘할 수 있게 된다. 물론 자신감이 가장 중요하다.

## 굴절 및 SCT 청소(렌즈, 보정판)

경고 : 반사망원경에는 적용하지 말 것.

### 1단계 : 먼지 불어내기

어떤 형태의 망원경이든 간단한 먼지 제거가 청소의 기초라고 할 수 있다. 특히 망원경의 앞쪽에 렌즈나 보정판이 있는 굴절망원경이나 SCT의 경우에는 망원경을 분해할 필요가 없기 때문에 먼지 제거를 보다 쉽게, 또 자주 할 수 있다는 장점이 있다.

먼지를 털어내기 위한 기본 장비는 아주 단순하다. 카메라 가게에서 판매하는 블로어(Blower)와 깨끗한 미술용 붓 하나면 간단한 청소가 가능하다. 시중에 아주 다양한 종류의 블로어가 나와 있으며 성능에도 큰 차이가 없다. 하지만 바람이 나오는 노즐 부분이 금속으로 된 것은 피하도록 하자. 실수로 렌즈를 건드리게 되면 흠집이 크게 날 수도 있기 때문이다. 플라스틱 제품이라고 해도 오래 사용하거나 불량인 경우 바

필자가 애용하는 블로어(11-1)와 붓(11-2). 붓은 가급적 부드러운 것으로, 집에서 쓰던 것을 사용하지 말고 신품을 구입해서 렌즈 청소 전용으로 사용하자.

블로어로 큰 먼지를 털어내고, 그래도 남아 있는 먼지는 붓으로 처리하자.

람을 세게 불면 뾰족한 부분이 빠져나가면서 렌즈에 손상을 입힐 수 있기 때문에 주의해야 한다.

렌즈나 보정판에 큰 먼지가 있을 경우 블로어로 쓱쓱 불어내면 웬만한 큰 먼지들은 쉽게 제거할 수 있다. 먼지 제거 시 급한 마음에 입으로 후후 불어 먼지를 날려버리고 싶은 마음이 든다면, 숨 한 번 크게 들이쉬고 참아보도록 하자. 입으로 후~ 하고 부는 순간 입 안에 있는 침이 렌즈 위에 떨어져 얼룩을 남길 수도 있으니 말이다. 이런 얼룩을 제거하려면 또 다른 힘든 과정을 거쳐야 한다는 점을 기억하자(캔에 들어 있는 청소용 압축공기도 이물질이 나오므로 사용하지 않는 것이 좋다).

### 2단계 : 붓으로 먼지 털기

먼지 중에서 블로어로 잘 떨어지지 않는 것은 깨끗한 붓으로 털어내도록 한다. 이때 절대로 붓에 힘을 줘서 문지르면 안된다. 손에 힘을 빼고 붓의 무게로만 털어내듯이 살살 털어내도록 한다. 여기까지 해서 충분히 깨끗해졌다면 더 이상 손대지 않아도 된다. 하지만 붓으로도 제거되지 않는 먼지나 얼룩, 지문이 있다면 렌즈펜이나 렌즈 클리닝 키트를 활용해야 한다.

11-5 렌즈펜. 작은 면적을 청소하는 데 편리하다. 사진은 셀레스트론 제품.

11-6

11-7

렌즈펜을 사용한다면 일단 붓으로 큰 먼지를 정리하고(11-6), 렌즈면을 호~ 하고 불어 살짝 습기를 더한 뒤 부드러운 면으로 마무리한다(11-7).

### 3단계 : 렌즈펜 및 클리닝 키트 사용하기

렌즈펜의 한쪽은 붓으로 되어 있고 반대쪽은 아주 부드러우면서도 먼지를 잘 빨아들이는 소재로 되어 있다. 사용이 매우 간단하다는 장점이 있지만 한 번에 넓은 면을 청소할 수 없기 때문에 아이피스나 쌍안경을 청소할 때는 매우 유용하지만 SCT 보정판과 같이 넓은 면을 청소하기에는 불편하다.

보다 넓은 면을 청소하기 위해서는 렌즈 청소 키트를 사용하는 것이 편리하다. 렌즈 청소 키트는 제품마다 조금씩 차이가 있지만 보통 청소용 붓, 블로어, 렌즈 닦는 종이인 렌즈 페이퍼, 청소용액, 극세사 천 등으로 구성되어 있다.

위에서 언급한 1, 2단계의 청소를 완료한 뒤에 얼룩이나 지문 등이 남아 있다면 렌즈 클리닝 키트를 활용한다. 클리닝 용액이나 렌즈 페이퍼가 없다면 순도 99% 이상

11-8 렌즈 청소 키트의 모습. 제조사마다 구성에는 조금씩 차이가 있을 수 있다. 사진은 자이스 제품.

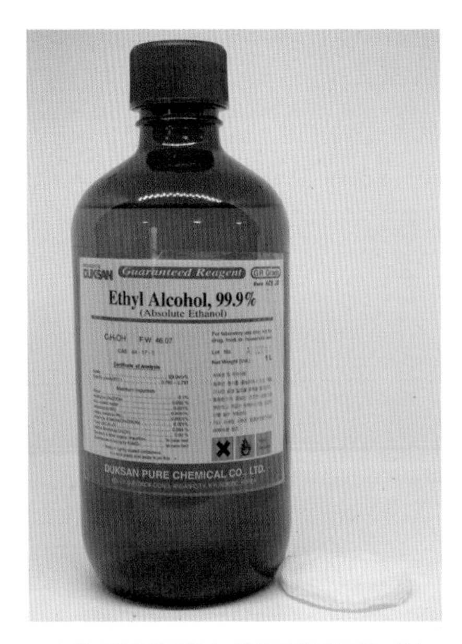


11-9 알코올과 의료용 솜. 이소프로필 알코올 대신 고순도 에탄올도 사용 가능하지만, 이소프로필 알코올이 더 나은 것 같다.

인 이소프로필 알코올 혹은 에탄올(메탄올은 매우 위험한 물질이니 절대로 사용하지 말 것!)과 솜을 이용해도 상관없다. 솜은 약국에서 판매하는 탈지면을 사용한다. 일부 참고자료에서는 광학기기 전용 렌즈 청소용액 대신 유리창 청소할 때 사용하는 푸른색 용액을 사용하라고 나와 있는데, 효과는 있는 것 같지만 필자는 추천하지 않는다.

1, 2단계의 청소를 완료한 뒤 렌즈 페이퍼나 솜에 렌즈 청소용액을 촉촉할 정도로만 발라준다(광학기기에 용액을 직접 뿌리거나 바르면 절대 안 된다). 렌즈나 보정판을 너무 힘을 주지 않은 상태에서 쓱 문질러본다. 한 번 문지른 솜을 보면 때가 묻어나올 수 있는데, 이 솜을 계속 사용하면 렌즈나 보정판에 흠집이 생길 수 있으므로 오염된 솜은 바로 버리고 새것을 사용하는 것이 좋다. 솜으로 청소를 할 때는 한 방향으로 문지르는 것이 좋다. 안에서 밖으로 문지르는 경우에는 렌즈나 보정판의 가장자리에 먼지가 낄 수 있기 때문에 밖에서 안쪽으로 문지르는 것이 좋다. 청소 도중 유리면에 손가락이 직접 닿지 않도록 주의하며 마무리한다.

## 아이피스 청소

이제 아이피스 청소 방법에 대해 알아보자. 아이피스는 경통에 비해 오염이 상당히

11-10 여러가지로 오염된 아이피스의 모습. 먼지뿐만 아니라 작은 얼룩들이 많이 남아 있다.

11-11

11-12

렌즈펜을 이용하면 아이피스를 쉽고 깨끗하게 청소할 수 있다.

11-13

11-14

아이피스 안쪽은 블로어로 마무리하고(11-13), 관측지에서 급하게 아이피스를 청소해야 하는 경우에는 렌즈에 입김을 불고 광학용 극세사 천으로 살살 닦아준다(11-14).

잘 되는 편이다. 이슬이나 서리가 내려 얼룩이 생기거나 먼지가 앉는 것은 마찬가지지만, 아이 릴리프가 짧은 아이피스의 경우 속눈썹이 렌즈면에 닿으면서 기름기가 묻기 때문이다. 아이 릴리프가 길고 아이컵이 잘 되어 있는 제품은 이로 인한 오염 가능성이 상대적으로 낮다.

아이피스 청소의 기초는 앞서서 설명한 렌즈나 보정판 청소의 1, 2단계와 동일하다. 하지만 아이피스의 렌즈 알이 작기 때문에 3단계에서는 렌즈펜을 사용하거나 입으로 호~ 하고 불어서 습기가 렌즈면에 붙도록 한 뒤 렌즈용 극세사 천으로 살살 문질러도 깨끗하게 유지된다.

렌즈 청소용액을 사용하면 모세관 현상에 의해 아이피스의 렌즈 가장자리로 용액이 빨려들어가 아이피스 안쪽에 있는 렌즈에 얼룩을 남길 수 있기 때문에 사용하지 않는 것이 좋다.

아이피스 안쪽, 즉 망원경을 장착하는 부분은 구조상 오염이 쉽게 되지 않고 먼지도 잘 달라붙지 않는다. 따라서 가끔 블로어로 불어내는 정도로만 관리하고 보관할 때 뚜껑을 잘 막아주면 그다지 신경 쓰지 않아도 된다.

## 반사경 청소

> 경고 : 굴절망원경이나 복합광학계 망원경에는 적용하지 말 것.

이제 반사망원경의 청소 방법에 대해 알아보자.

굴절망원경이나 앞이 막혀 있는 복합광학계 망원경과는 달리, 반사망원경의 반사경을 청소하기 위해서는 망원경을 분해해야 한다. 이 때문에 난이도가 조금 높게 느껴질 수 있지만, 방법만 잘 숙지하면 흠집에 대한 염려 없이 누구나 쉽게 할 수 있다.

이 책에서는 뉴턴식 반사망원경을 기준으로 설명하지만, 다른 형태의 반사망원경에도 얼마든지 응용할 수 있으므로 참고하도록 하자.

반사경에 먼지가 좀 있다면 굴절이나 SCT와 마찬가지로 반사경의 표면을 블로어로 불어서 큼직한 먼지를 제거할 수 있다.

트러스 타입의 돕소니언 망원경이라면 언제든 먼지를 불어낼 수 있지만, 튜브 형태의 반사망원경이라면 경통에서 미러셀을 분리해야 반사경의 먼지를 불어낼 수 있다. 이때 이왕 분리한 것, 아예 미러셀에서 반사경을 분리해서 시원하게 세척하는 편이 훨씬 좋다.

### 반사경 분리

경통에서 반사경을 분리하기 위해서는 우선 경통에서 미러셀을 분리해야 한다. 미러셀과 경통은 일반적으로 경통의 측면 하단에 있는 볼트로 연결되어 있는데, 일단 이 볼트를 풀어 미러셀을 경통으로부터 분리한

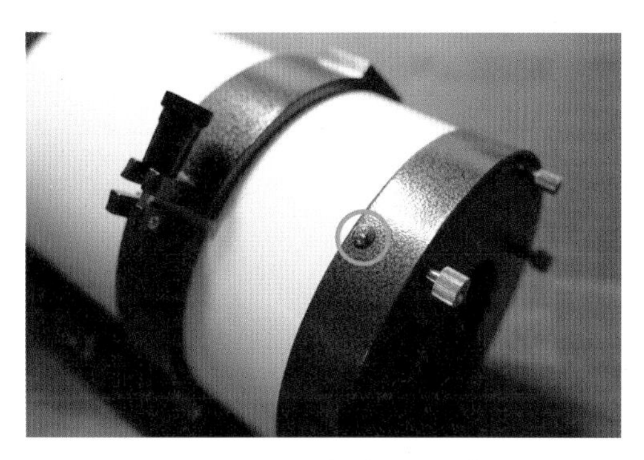

11-15 초록색 원 안에 있는 나사(3개)를 제거하면 미러셀을 분리할 수 있다. 망원경마다 차이가 있으니 주의할 것.

11-16 미러의 상태를 한번 살펴보자. 위의 경우 먼지와 작은 얼룩들이 있지만 코팅 손상은 없다.

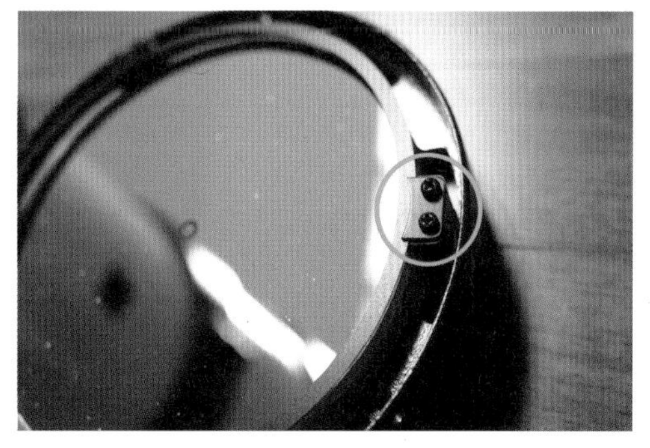

11-17 초록색 원 안에 있는 나사를 풀어(보통은 이런 것이 3세트 있다) 미러를 지지하고 있는 고무 부품을 제거하면 미러를 미러셀로부터 분리할 수 있다.

다. 이때 실수로 미러셀이 바닥에 떨어지지 않도록 주의한다.

별도의 너트 없이 나사산이 미러셀에 새겨져 있어 볼트만 풀면 쉽게 미러셀을 제거할 수 있는 경통도 있지만, 작은 너트를 이용해서 볼트를 고정하는 방식의 망원경이라면 청소 후 조립 시, 너트가 제자리에 있도록 하기 위해 사경을 지지하는 스파이더를 제거해야 하는 불편함이 있을 수 있다. 이런 경우에는 광축을 맞출 때 자를 이용해서 각 스파이더의 길이가 동일한지를 측정하여 부경이 정확히 경통의 중심에 오도록 해야 한다.

미러셀에 장착되어 있는 미러를 자세히 관찰하여 먼지는 얼마나 있는지, 지문은 없는지, 얼룩은 얼마나 있고 코팅이 손상된 곳은 없는지 살핀 뒤 미러를 미러셀로부터 분리한다. 미러를 고정하고 있는 부품에 연결된 나사를 조심스럽게 풀어 미러를 미러셀로부터 분리한다.

### 반사경 청소

반사경의 먼지만 간단히 제거할 것이 아니므로 블로어로 먼지를 불어낼 필요는 없다. 샤워기나 수도를 틀어 미러에 바로 물을 뿌려 이물질을 먼저 제거한다. 미러에 얼룩이 없다면 이 단계까지만 작업해도 제법 깨끗해진다. 이제 미러를 물에 담가 때를 불린다. 미러가 작다면 세숫대야에 물을 받아 담가놓고, 큰 미러라면 욕조를 이용한다. 욕조에 넣을 수 없는 대형 미러라면 미러 주변에 두꺼운 테이프를 여러 겹으로 두르고 물을 채워넣어 얼룩이 불게 한다.

물에 넣은 상태로 한두 시간 정도 기다린 뒤 때가 어느 정도 불었다고 생각되면 흐르는 물에 바로 헹군다. 미러에 오염이 심한 경우에는 먼저 물에 중성세제를 적당량 넣어 거품을 내고 미러 위에 탈지면을 얹어서 가라앉게 한 뒤 솜의 무게로만 미러를 닦는다는 느낌으로 살살 문지른다. 충분히 닦았다 싶으면 흐르는 물에 깨끗이 헹군다.

수돗물을 사용한 상태에서 바로 건조시키면 물에 들어 있는 각종 미네랄 성분이 미

① 11-18

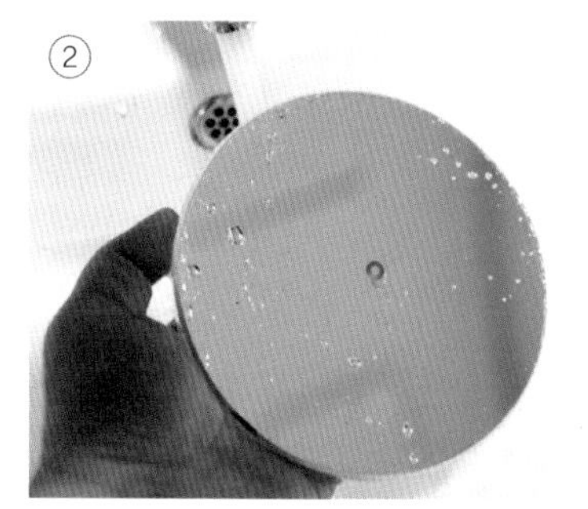
② 11-19

미러에 물을 뿌리기만 해도 훨씬 깨끗해진다.

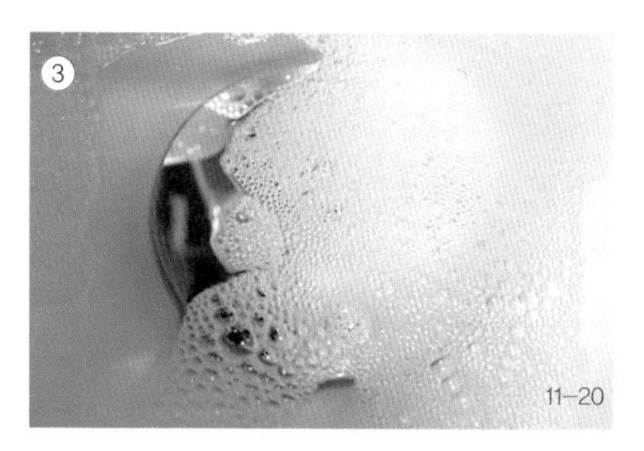
③ 11-20

④ 11-21

중성세제로 거품을 내어 탈지면으로 살살 문지르면 깨끗해진다.

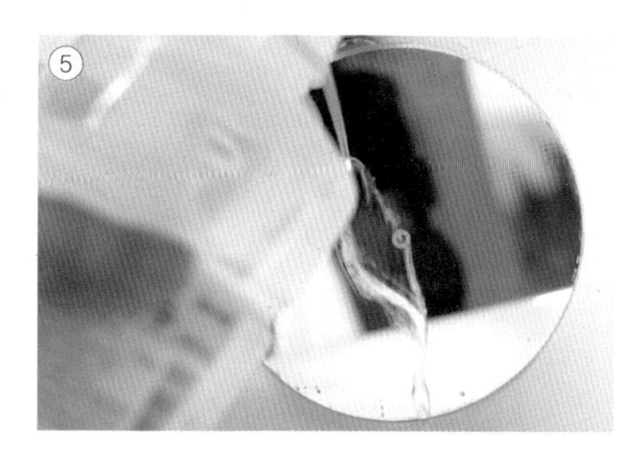
⑤

11-22 증류수를 뿌려 마무리한다.

티슈로 물방울을 흡수시키거나(11-23), 드라이어의 찬바람으로 건조를 시켜도 좋다(11-24).

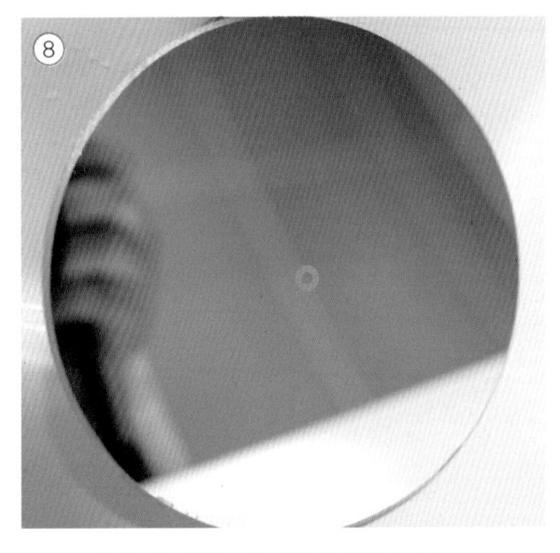


11-25 청소를 완료하여 깨끗해진 반사경의 모습

러 표면에 남아서 얼룩이 생길 수 있기 때문에 증류수로 잘 헹궈준다(사진 11-22). 참고로, 증류수는 약국에서 쉽게 구입할 수 있으며, 6인치급 반사경인 경우 증류수 반통이면 충분하다.

이제 깨끗이 헹군 미러를 건조할 차례다. 그늘진 곳에서 자연건조를 시켜도 좋고, 부드러운 티슈의 뾰족한 부분을 이용해서 물방울을 흡수시키는 것도 좋은 방법이다. 성격이 급하다면 헤어드라이어를 사용해도 괜찮다. 드라이어를 사용할 경우에는 미러의 온도가 급하게 올라가지 않도록 찬바람으로 말린다.

여기까지 하고 미러 청소를 끝낼 수도 있지만, 혹시 지문이나 물자국이 조금 남아 있다면 고순도의 이소프로필 알코올을 솜에 듬뿍 묻혀 살살 문질러 물자국을 지워주도록 하자.

### 센터마크 확인하기

요즘 나오는 뉴턴식 반사망원경 미러의 중심에는 센터마크(Center Mark)가 있다. 레이저 콜리메이터를 이용한 광축 조정 시 기준점으로 사용하는 표시다.

센터마크가 미러에 새겨져 있는 경우라면 미러 청소를 해도 지워지지는 않지만, 스티커나 펜으로 표시되어 있는 경우에는 청소 과정에서 사라질 수 있다. 이런 경우에는 센터마크를 새로 해줘야 한다.

이제 미러를 미러셀에 잘 조립한다. 이때 미러를 셀에 고정하는 나사(사진 11-17)를 너무 세게 조이지 않도록 해야 한다. 나사를 돌리다가 저항감이 살짝 느껴진다 싶으면 더 세게 조이지 않고 거기에서 멈춘다. 이보다 더 세게 조이면 미러에 변형이 생겨서 별의 회절상이 동심원이 아니라 삼각형등의 찌그러진 모양으로 나타나게 되며 화질이 떨어지기 때문이다. 미러가 잘 고정이 되었으면 미러셀을 경통에 장착하고 나사로 잘 고정시킨다.

만약에 부경도 함께 청소를 하고 싶다면, 부경셀을 분리하고 주경과 같은 방법으로 청소를 진행하면 된다. 하지만 부경을 제대로 재조립 및 광축 조절을 하는 것은 초보자가 하기에는 난이도가 있다는 점을 기억하자.

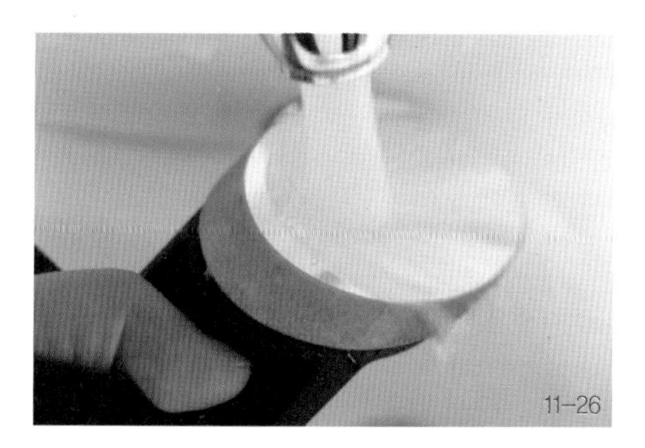
11-26

11-27

흐르는 물에 세척한 부경의 모습. 간단히 청소해도 훨씬 깨끗하다.

## 광축 맞추기 1 - 뉴턴식 반사망원경

미러 청소와 조립을 마쳤으면 광축을 맞춰야 한다. 광축을 맞춘다는 것은, 주경의 가운데를 지나는 가상의 선이 부경의 중심에 반사되어 접안부의 중심을 지나도록 해 준다는 것을 의미한다. 광축이 제대로 맞지 않으면 망원경으로 보는 상이 전반적으로 흐려지며 제 성능을 발휘하지 못하기 때문에 광축이 제대로 정렬되어 있도록 관리해야 한다. 망원경이 아주 큰 충격을 받아 기계적인 부품이 파손되었거나 수리를 위해 완전 분해 및 재조립을 한 것이 아니라면 레이저 콜리메이터(Laser Collimator)라는 도구를 이용하여 빠르고 손쉽게 광축을 맞출 수 있다.

레이저 콜리메이터는 말 그대로 레이저를 이용해 광축을 정렬하는 장비이다. 접안부에 레이저 콜리메이터를 설치하고 전원을 넣으면 레이저 광선이 사경, 주경에 반사되어 다시 레이저 콜리메이터로 돌아오는데, 이때 레이저가 정확히 출발한 곳으로 되돌아오도록(사진 11-29) 두 미러의 방향으로 광축을 조절하게 된다.

광축이 맞지 않다면 사진 11-30과 같이 레이저가 콜리메이터의 중심부로 되돌아

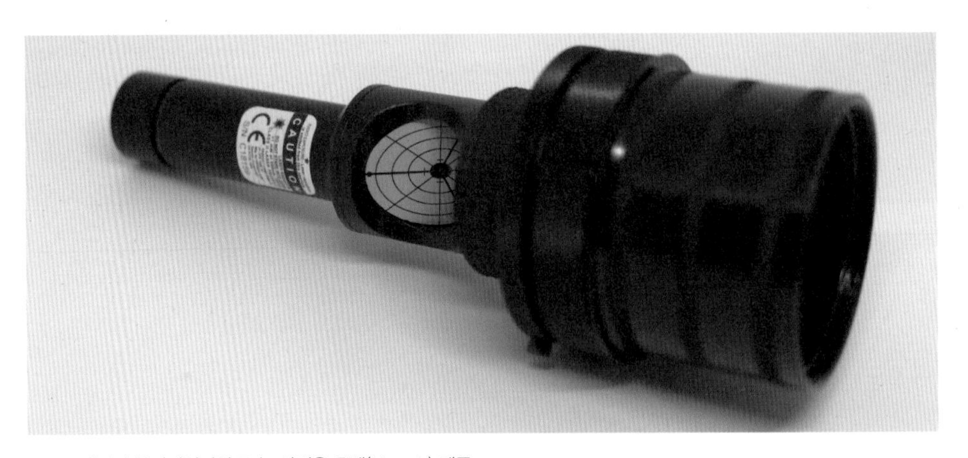


11-28 레이저 콜리메이터의 모습, 사진은 호텍(Hotech) 제품.

11-29 광축이 잘 맞으면 레이저가 주경의 중심에서 반사되어 레이저 콜리메이터의 중심으로 되돌아오는 것을 확인할 수 있다.

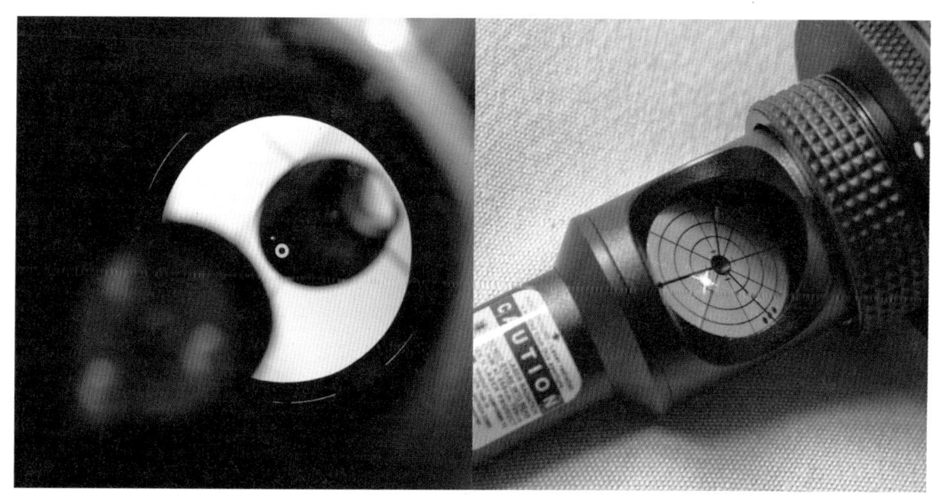

11-30 광축이 맞지 않으면 왼쪽 사진과 같이 주경의 중심을 지나지 않기도 하고, 오른쪽 사진과 같이 레이저 콜리메이터의 중심으로 되돌아오지 않기도 한다.

11-31 부경의 나사를 움직일 때 한쪽을 조이려면 다른 쪽 나사 두 개를 풀어야 한다.

11-32 필자의 5인치 반사망원경 광축 조절나사의 모습. 파란색 동그라미 안에 있는 나사로 광축을 조절하며, 광축 조절을 완료한 뒤에는 초록색 원 안에 있는 나사(잠금나사)를 조여 미러의 위치를 고정시켜 준다.

오지 않거나 주경의 센터마크의 중심을 벗어난 곳에서 반사되는 것을 볼 수 있다.

이제 부경을 조절해서 레이저가 주경의 중심으로 가도록 해본다. 부경의 광축 조절은 부경셀에 있는 3개의 나사를 움직임으로써 가능하다(사진 11-31). 레이저 콜리메이터가 켜져 있는 상태에서 3개의 나사 중 2개를 1/4바퀴 정도 풀고 나머지 하나를 1/4바퀴 정도 조여본다. 이를 반복하면 어떤 나사를 조이거나 풀었을 때 레이저가 어떤 방향으로 움직이는지 쉽게 이해할 수 있다.

부경의 나사를 조금씩 움직여 레이저가 사진 11-29의 왼쪽과 같이 주경의 중심에 오게 했으면 주경을 움직여 주경에서 반사된 빛이 레이저 콜리메이터의 중심으로 돌아가도록 조정한다. 사진 11-32는 뉴턴식 반사망원경 미러셀의 뒷모습이다. 망원경마다 차이가 있지만 1장에서 언급한 것과 같이 보통은 3쌍의 나사로 광축을 조절할 수 있는 구조로 되어 있다(3개의 나사와 스프링으로 간편하게 광축을 조절할 수 있는 경우도 있다.).

주경을 움직이기 위해서 일단 사진 11-32의 초록색 원 안에 있는 잠금나사를 풀고

11-33 주경을 움직여 레이저가 나온 곳으로 되돌아오도록 한다.

레이저 콜리메이터의 과녁 부분을 보면서 파란색 원 안에 있는 광축 조절나사를 하나씩 그리고 조금씩 움직여 각각의 나사의 움직임에 따라 레이저가 어느 방향으로 움직이는지 파악하고 미러에서 반사된 빛이 레이저 콜리메이터의 중심으로 되돌아오도록 주경을 조절한다. 조정을 잘 했다면 사진 11-33과 같이 레이저 콜리메이터의 주변부로 향하던 빛이 중심부로 돌아오는 것을 볼 수 있게 된다.

이때 경통 안쪽을 바라보면 레이저가 주경의 중심에서 조금 벗어난 것을 볼 수 있는데, 부경과 주경 조정을 두세 번 정도 반복하여 레이저가 사진 11-29와 같이 되도록 하면 모든 조정 과정이 끝나게 된다.

## 광축 맞추기 | 2 – SCT

SCT의 경우 광축 조정이 간단하다. SCT는 그 구조상 사용자가 조정할 수 있는 것

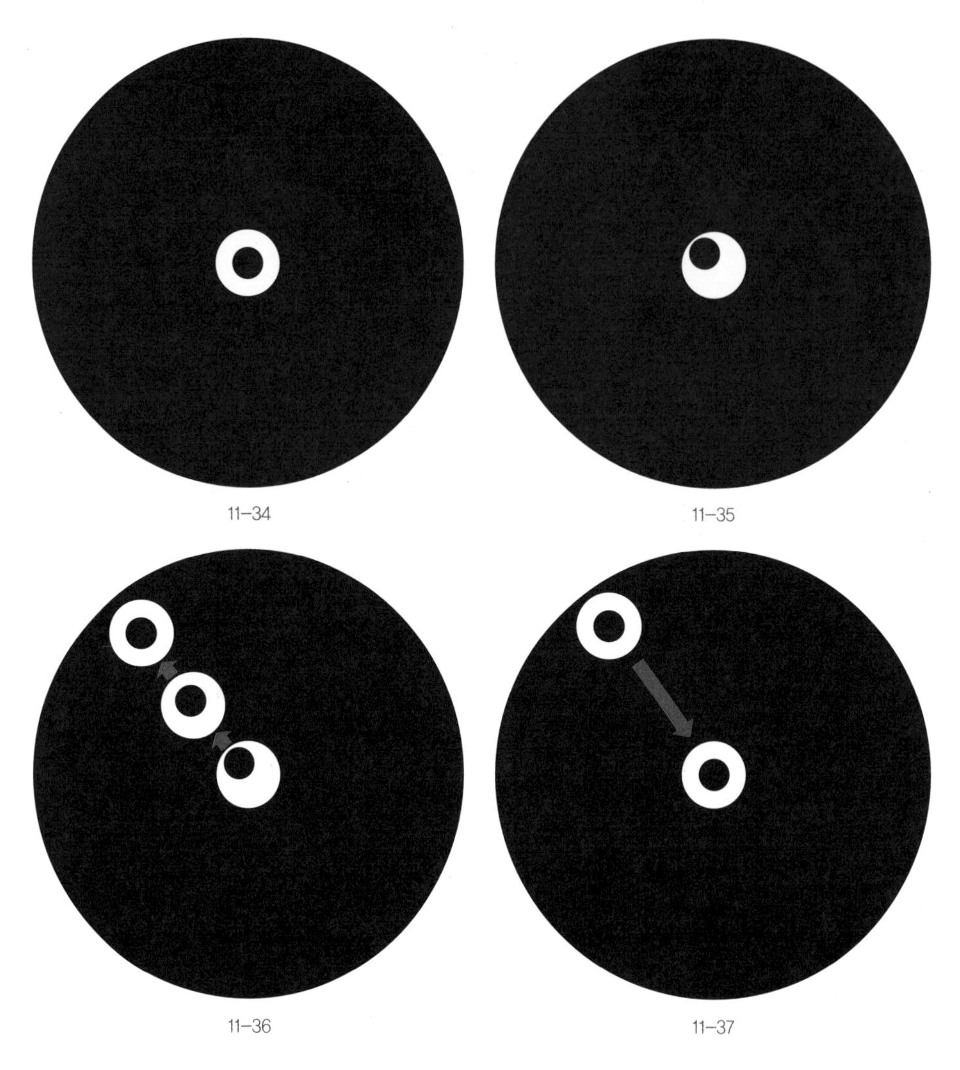


초점을 흐리게 했을 때 보이는 별의 모습으로 광축의 정확도를 짐작해볼 수 있다.

은 부경밖에 없기 때문이다. 물론 아주 고가의 레이저 장비를 활용하면 포커서, 부경의 중심점 등도 조정할 수 있지만 여기서는 논외로 한다.

SCT는 성상(星像) 테스트, 즉 실제 야외에서 별을 보며 광축을 맞추는 것이 기본이다. 망원경을 설치한 뒤 고도가 40도 이상인 별 중에서 너무 밝지 않은 것을 골라 망원경 시야의 중심에 오도록 한다. 이때 배율은 100배 정도에서 시작한다. 광축이 비교적 정확하다면, 초점을 흐리게 했을 때 상의 중심에 있는 별의 모양이 그림 11-34와 같이 동심원의 도넛 모양으로 나타나게 되며, 배율을 더 높여서 봐도 동심원이 유지되고 있다면 광축이 잘 맞았다고 볼 수 있다.

11-38 낮에 광축 수정 시 활용할 수 있는 인공별의 모습. 사진은 허블 옵틱스(Hubble optics) 제품.

하지만 초점을 흐린 별의 모양이 그림 11-35와 같이 동심원이 아니라면 이는 광축이 맞지 않은 상태다. 광축이 맞지 않다면 그림 11-36과 같이 부경의 그림자(검은 원 부분)가 있는 방향으로 별이 동심원이 될 때까지 망원경을 조금씩 움직인다.

이제 본격적으로 광축을 조정할 차례다. SCT의 부경을 움직일 수 있는 나사 3개(사진 1-42)를 움직여 그림 11-37과 같이 별이 아이피스 화각의 중심에 오도록 한다. 이때 혼자서 별을 보며 광축을 조정하기가 쉽지 않기 때문에 주변 동료의 도움을 받으면 보다 빠르고 편하게 광축을 잡을 수 있다.

혼자서 쉽게 하려면, 아이피스 대신 바로우 렌즈와 행성 촬영용 카메라를 망원경에 장착하고 컴퓨터 화면을 보면서 부경을 조작하는 것도 가능하다.

여기까지만 해도 광축을 상당히 정확하게 잡아주는 것이 가능하다. 이보다 더 정밀한 광축 조정을 원한다면 망원경의 배율을 300배 이상으로 올리고 별의 초점을 잘 잡은 후 별 주위에 생기는 에어리 디스크(Airy Disk)의 형태를 보면서 광축을 미세하게 조정하면 되지만, 이를 위해서는 시상이 아주 좋아야 한다.

광축 조절을 위해 한밤중에 야외에 나가서 시간을 보내기보다는, 낮에 광축을 맞추고 밤에는 별 보는 데 집중하고 싶다면 사진 11-38과 같은 인공별을 사용하는 것도 한 방법이다. 아주 작은 구멍을 통해 빛이 나오도록 한 장치인데, 가격도 저렴하고 SCT뿐만 아니라 다른 망원경의 성상 테스트에도 활용이 가능하다. 하지만 망원경과 인공별 사이에 충분한 거리가 있어야 초점을 잡을 수 있기 때문에 주로 아파트 생활을 하는 우리나라 환경에는 조금 맞지 않는다.

## 광축 맞추기 3 – 굴절망원경

굴절망원경의 장점 중 하나가 바로 광축이다. 반사망원경에 비해 광축이 틀어지는 경우가 거의 없기 때문에 그다지 신경 쓸 일이 없다. 하지만 광축이 정확하지 않다면 문제가 복잡해진다. 대구경 혹은 고급 굴절망원경의 경우 주경셀과 포커서에 광축 조절 장치가 있어서 사용자가 성상 테스트를 통해 조정하는 것이 가능하지만 소구경 굴절망원경의 경우 이런 기구들이 생략되어 있는 경우가 많아 이상이 있을 경우에는 메이커에 수리를 보내는 수밖에 없다. 하지만 구조상 광축이 잘 틀어지지 않기 때문에 너무 걱정할 필요는 없다. 어느 날 망원경이 전보다 조금 흐리게 보인다고 느껴지면 광축 상태를 확인해보자.

굴절망원경의 광축을 확인할 수 있는 방법도 몇 가지가 있지만 추가비용 없이 간단하게 할 수 있는 것이 성상 테스트이다. SCT의 경우와 마찬가지로 고도가 40도 이상인 별 중에서 너무 밝지 않은 별을 시야의 중심에 넣은 뒤 중 배율에서 초점을 살짝 흐려 동심원의 상태를 확인한다. 시야가 맑은 날이라면 배율을 200~300배 정도로 높이고 초점을 정확히 잡아 회절상을 살펴 이것이 동심원을 이루고 있는지 확인해보자. 물론 실제로 별을 보면서 확인하기 어렵다면 인공별을 이용하는 것도 가능하다.

망원경 유지 관리 중에서 가장 중요한 것은 광학계를 깨끗하게 유지하는 것이라 할 수 있다. 망원경을 사용하다 보면 렌즈나 반사경 표면에 먼지나 얼룩 등 이물질이 달라붙게 된다. 광학면에 조금 붙어 있는 정도야 사용하는 데 크게 지장이 없지만, 이것이 계속 쌓이다 보면 결국에는 망원경이 제 성능을 발휘하지 못하게 된다.

당연히 청소를 해야 하는데, 렌즈나 반사경을 청소하다 흠집이 생길까 무서워 손도 대지 못할 수도 있을 것이다. 하지만 먼지가 잔뜩 앉아 제 성능이 나오지 않는 망원경을 계속 사용하는 것보다는 청소하다가 조금 흠집이 날 수 있어도 깨끗한 상태로 사용하는 것을 권하고 싶다. 망원경이 제 성능을 발휘하는 것이 좋지 않은가? 선택은 여러분의 몫이다.

## 경통 보관 방법

광학 제품은 충격에 민감하다. 작고 가벼운 천체망원경은 충격에 덜 민감하지만, 크고 무거운 망원경일수록 충격을 받지 않도록 하는 것이 망원경을 오래 사용할 수 있는 방법이다. 망원경에 충격이 가해지는 경우, 사소하게는 광축이 조금 틀어지는 정도이지만, 조금 센 충격에는 경통이 찌그러지거나 큰 흠집이 생길 수도 있고, 더 심한 경우에는 렌즈나 보정판 같은 광학 부품이 깨질 수도 있다. 이런 경우 중고 망원경 가격보다 수리비가 더 많이 나올 수도 있고 중고 가격이 뚝 떨어질 수도 있지만, 무엇보다도 소중한 물건이 망가지면 마음이 많이 아프다. 따라서 망원경을 충격에서 보호하는 것은 매우 중요하다.

9장에서 케이스에 관해 언급한 적이 있다. 망원경을 보관할 때 가장 기본적인 것은 케이스에 넣어두는 것이다. 케이스는 외부의 충격에서 망원경을 보호하는 것은 물론 실내 보관 시에도 유용하다.

망원경을 보관하는 자세도 중요하다. 보통은 경통이 가로로 놓이게 보관하는데, 이것이 안전하다. 하지만 가끔 경통을 세로 방향으로 세워놓았다가 실수로 건드려 쓰러뜨리는 경우를 본 적이 있다. 어느 정도 무게감이 있는 경통이 넘어지면 경통이 찌그러지거나 광학계를 이루고 있는 부품이 파손될 수 있기 때문에, 꼭 세로로 세워야 하는 상황이 아니라면 가로로 눕혀서 보관하도록 하자. 물론 돕소니언 망원경을 분해하지 않고 완전히 조립한 채로 보관한다면 세워놓는 것도 큰 문제가 없다.

망원경을 충격에서 보호하는 것만큼이나 습기에 노출시키기 않는 것도 중요하다. 습기에 의해 특히 렌즈를 사용하는 굴절망원경이나 아이피스, 카메라 렌즈 등에 곰팡이가 생길 수 있기 때문이다. 곰팡이가 생기면 렌즈의 코팅이 손상되며, 곰팡이를 제거하더라도 손상된 부분은 그대로 남아 있기 때문에 애초에 곰팡이가 서식하지 않도록 하는 것이 중요하다. 카메라 렌즈는 대부분 크기가 작기 때문에 카메라 전문점에서 판매하고 있는 카메라 보관함을 이용하면 일정한 습도를 유지시켜 렌즈에 곰팡이가 생기는 것을 막을 수 있지만, 천체망원경은 보관함에 넣을 수 있는 크기가 아니기 때문에 다른 방법을 생각해봐야 한다.

가장 간단한 방법은 실리카겔을 이용하는 것이다. 가격이 저렴하면서 효과도 좋다. 인터넷으로 주문하면 평생 다 쓰고도 남을 양의 실리카겔이 집으로 배송된다.

굴절망원경의 경우 사진 11-40과 같이 양면테이프 등을 이용하여 실리카겔을 렌즈 뚜껑의 안쪽에 붙여놓으면 습기로부터 렌즈를 보호할 수 있다. 경통 안쪽으로 들어오는 습기도 막고 싶다면 사진 11-41과 같이 접안부 쪽에 실라카겔을 넣어두자. 물론 실리카겔이 경통 안쪽으로 들어가버리지 않도록 잘 고정해야 한다.

또한 각종 보정렌즈 등에도 사용할 수 있으니 잘 응용해보도록 하자. 아이피스 역시 습기에 약한 것은 마찬가지이기 때문에 보관에 주의할 필요가 있다. 아이피스 보관함에 실리카겔을 아끼지 말고 몇 개 툭툭 던져넣으면 장마 대비로 나쁘지 않다. 하지만 실리카겔에만 의존하지 말고 건조하고 화창한 날엔 아이피스를 꺼내 말리는 것도 좋

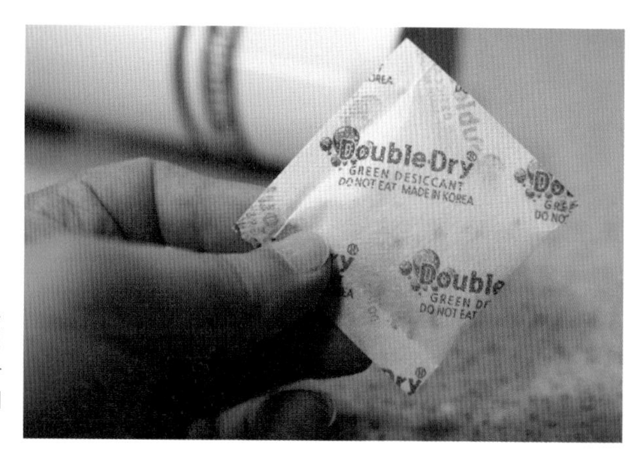


11-39 필자가 사용하는 실리카겔의 모습. 포장에 따라 비닐, 종이, 부직포 타입이 있는데 망원경에는 부직포 타입이 적당하다. 전자레인지에 2~3분만 돌려주면 재활용이 가능하다는 장점도 있다.

실리카겔을 경통 뚜껑의 안쪽(11-40)과 접안부 안쪽(11-41)에 부착한 모습

다. 물론 유리알에 직사광선이 닿지 않도록 주의해야 한다.

망원경을 사용하다 보면 갑자기 습기가 올라오거나 안개가 파도처럼 밀려오는 경우가 있다. 망원경을 분해할 시간도 충분치 않을 수 있다. 이럴 때는 망원경 커버가 상당히 유용하다. 텐트에 사용하는 방수천 재질로 되어 있는데, 망원경이 조립되어 있는 채로 씌우기만 하면 습기로부터 비싼 망원경을 보호할 수 있다. 하지만 비가 오기 시작한다면 경통부터 빨리 치우는 것이 급선무다.

습기의 공격은 여기가 끝이 아니다. 날씨가 추울 때 안경을 쓴 채로 밖에 있다가 실내에 들어가면 안경 렌즈가 습기로 뒤덮이는 것을 자주 볼 수 있다. 차가운 음료 컵에 물방울이 맺히는 것과 같은 원리로, 이는 망원경에도 적용된다. 추운 곳에서 사용하던 망원경을 따뜻한 실내로 가지고 들어오면 렌즈 표면은 물론 렌즈의 안쪽, 심지어 2~3장으로 되어 있는 렌즈의 경우 렌즈알 사이사이에 있는 표면에 습기가 달라붙으며 심할 경우 얼룩이 남기도 한다. 렌즈 표면에 생긴 얼룩은 잘 닦아내면 되지만, 두세개의 렌즈 사이에 남은 얼룩을 제거하기 위해서는 렌즈를 분해해야 한다. 즉, 제조사로 보내야 한다는 뜻이다.

11-42 망원경을 습기로부터 보호해주는 커버

하지만 망원경의 온도를 서서히 올리면 습기가 맺히는 것을 막을 수 있다. 필자의 경우 보통 해가 뜨기 전에는 망원경을 분해하지 않는다. 해가 뜨면 주변 온도가 서서히 올라가면서 망원경의 온도도 같이 오르게 된다. 물론 실내는 여전히 따뜻하기 때문에 바로 실내로 들어가면 습기의 공격에서 자유로울 수 없지만 어느 정도 도움이 되는 것은 사실이다. 또 망원경을 가대에서 내린 후에는 반드시 케이스에 넣은 채로 실내로 들어간다. 실내에서 바로 케이스를 열지 말고 몇 시간 충분히 방치해 놓으면 온도차로 인한 습기 발생을 막을 수 있다. 물론 렌즈 뚜껑에 실리카겔이 있다면 도움이 된다.

### 렌즈는 밀봉된 상태인 것 같은데 어떻게 습기가 들어오는가?

아크로매트 혹은 아포크로매트 망원경은 각각 2장 혹은 3장의 렌즈로 구성되어 있으며, 각 렌즈 사이에 무엇이 들어가 있는가에 따라 시멘티드(Cemented), 에어 스페이스드(Air Spaced), 오일 스페이스드(Oil spaced) 렌즈로 구분해볼 수 있다. 시멘티드 렌즈는 각 렌즈가 간격 없이 붙어 있는 것으로, 아주 저가형 망원경에서 찾아볼 수 있다. 오일 스페이스드 렌즈는 렌즈 사이에 특수한 오일이 들어가 있으며, 주로 아스트로 피직스나 TEC, CFF 같은 곳에서 제조하는 굴절망원경이 여기에 해당한다. 그리고 대부분의 굴절망원경은 에어 스페이스드 방식을 사용한다.
오일 스페이스드 방식의 경우 렌즈알 사이의 공간이 오일로 채워져 있기 때문에 습기나 기타 이물질이 들어오지 못하지만, 에어 스페이스드 렌즈는 공기가 들어가 있으며, 온도가 올라가면 더워진 공기가 팽창하면서 밖으로 나가고, 온도가 내려가면 차가운 공기가 렌즈 틈으로 들어간다. 이때 습기, 곰팡이, 먼지 등이 조금씩 렌즈 안쪽으로 들어가게 된다. 하지만 먼지가 조금 들어가는 것은 별 보는 데 거의 영향을 주지 않으므로 무시해도 상관없다.

# 부록 Appendix

## 망원경의 수차

수차란 한 점에서 나온 빛이 렌즈나 거울에 의하여 상을 만들 때 광선이 한 점에 완전히 모이지 않고 흩어짐으로써 별의 모양이 흐려지거나 다양한 모습으로 왜곡되는 현상을 의미한다. 우리가 망원경으로 별을 보거나 사진을 찍을 때 별이 점으로 딱 떨어지게 보이는 것이 가장 이상적이지만, 현실적으로는 렌즈나 반사경 가공의 한계, 광학계의 특성, 기계적인 부분의 오차, 가격과 성능의 트레이드 오프 관계에 의해 여러가지 수차가 나타나게 된다. 망원경에서 발생하는 수차의 종류에 대해서 알아보자.

### 색수차

굴절망원경을 설명하면서 색수차에 관해 잠깐 언급했었다. 굴절망원경에서는 거의 안 보일 정도로 줄일 수는 있지만 피할 수는 없는 것이 색수차다. 색수차는 종 색수차와 횡 색수차 두 종류가 있다.

#### 종 색수차(Axial(longitudinal) chromatic aberration), 혹은 축 색수차

광축에 평행하게 들어온 광선이 렌즈를 통과하면서 발생하는 색수차이다. 빛의 파장에 따라 초

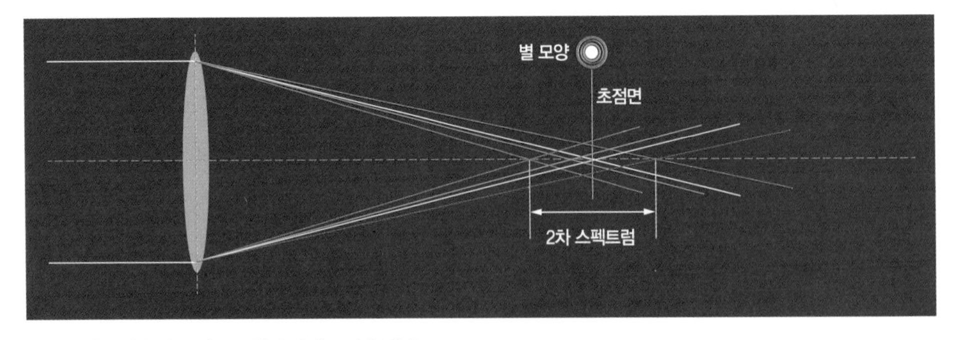


종 색수차로 인해 별 주변으로 색이 번져 보이게 된다.

점 맺히는 곳이 달라져 색이 번지게 된다. 노란색의 초점이 맞은 부분을 기준으로 보면 별의 가장자리에 붉은색과 보라색이 번져 보이게 되며, 중심부에 있는 별은 약간 녹색이 도는 흰색으로 보이게 된다. 종 색수차는 망원경 상에서 전반적으로 골고루 분포하게 된다.

**횡 색수차**(Transverse(lateral) chromatic aberration)

광축 대비 기울어져 들어오는 광선(**비축[Off-axis] 광선이라고 한다. 조금 이상한 느낌의 일본식 한자어 같지만 적당한 우리말 대안이 없는 것이 현실이다**)이 렌즈를 통과하면서 파장별로 다른 높이에서 초점이 맺어 생기는 색수차를 횡 색수차라고 한다. 이미지 서클의 가장자리로 갈수록 심해지며, 색상별로 초점거리가 달라진다는 특징이 있다.

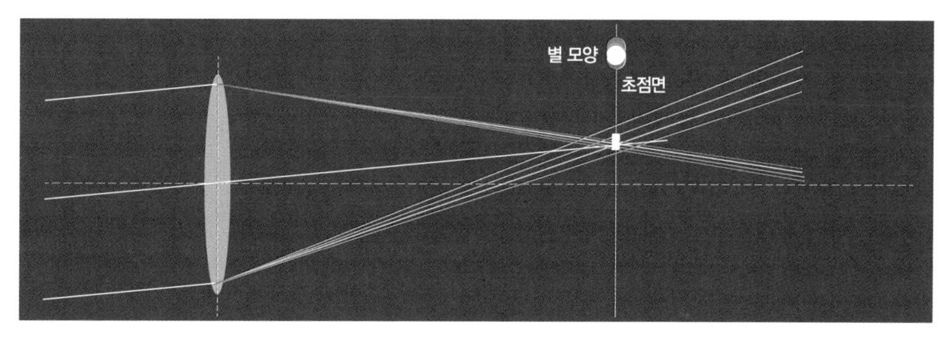


횡 색수차는 상의 중심이 아닌 외곽에 있는 별에서 위 아래로 색 번짐을 일으킨다.

## 자이델의 5수차

독일의 수학자인 자이델(Philipp Ludwig von Seidel, 1821-1896)이 정리한 5가지의 수차를 자이델의 5수차라고 한다. 수차의 형태에 따라 구면수차, 코마수차, 상면만곡, 왜곡수차, 비점수차의 5가지가 있다.

## 구면수차

렌즈나 오목거울의 형태가 구면인 경우, 광축에 평행하게 들어온 빛은 한 점에 초점을 맺지 못하여 초점이 흐릿하게 보이는 현상이다. 이미지 서클에서 전반적으로 나타나며, 상이 흐릿하게 되기 때문에 망원경의 콘트라스트와 디테일 표현이 떨어지게 된다.

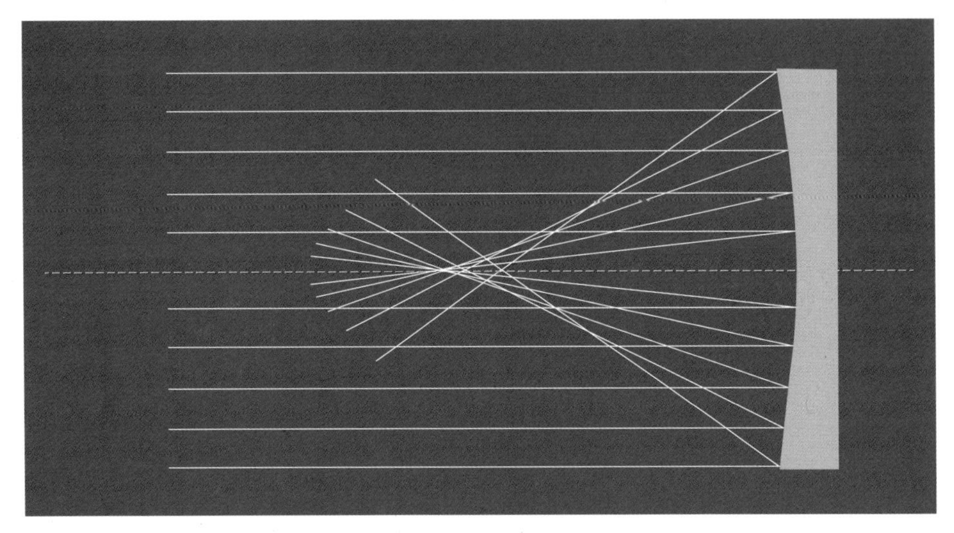

렌즈나 반사경의 중심과 가장자리의 빛이 한곳에 모이지 못하는 것이 구면수차이다.

## 코마수차

광학계를 통과한 비축광선이 한 점에 맺히지 못하면서 생기를 수차를 코마(Coma) 수차라고 한다. 별과 같은 점광원이 혜성의 꼬리같이 늘어지는 모습을 하고 있어서 이런 이름이 붙여졌다 **(실제로 코마는 혜성의 핵을 둘러싸고 있는 가스 덩어리 부분을 말한다)**. 구면수차가 상의 전반에 걸쳐 나타나는 것에 비해 코마수차는 중심에서 멀어질수록 심해진다. 포물면을 사용하는 단초점 뉴턴식 반사망원경에서 쉽게 발생한다.

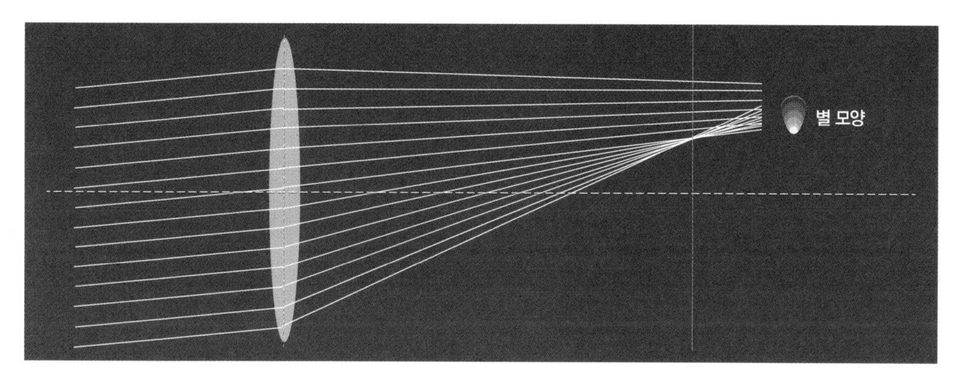


비축광선이 굴절 혹은 반사되는 정도의 차이에 의해 코마수차가 발생하며, 상의 가장자리에 있는 별은 혜성과 같은 모양으로 번진다.

## 상면만곡

이미지 서클 , 즉 초점면이 평평하지 않고 굽어 있는 것을 상면만곡이라고 한다. 사실 안시관측에서는 별 문제가 되지 않지만, 사진의 경우 평평한 이미지 센서와 굽어 있는 이미지 서클이 일치하지 않게 되기 때문에 화각의 중심에 초점을 맞추면 주변부가 흐려지고, 주변부에 초점을 맞추면 이와 반대로 된다.

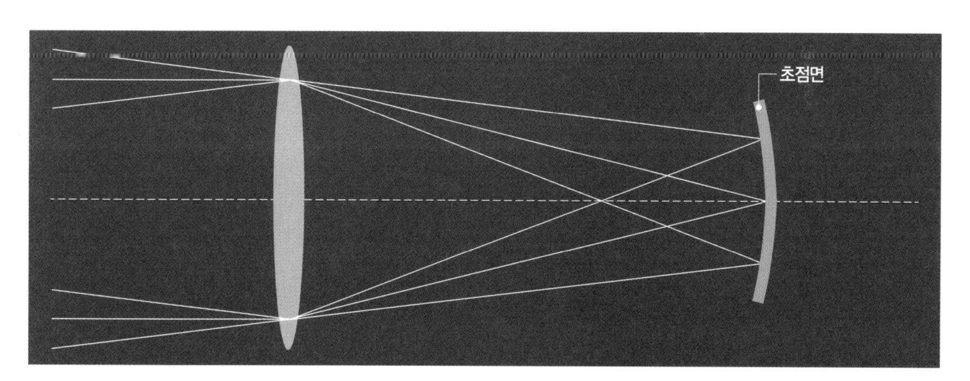


보다 정교한 사진촬영을 위해서는 상면만곡을 꼭 줄여야 한다.

### 왜곡수차

광축으로부터의 거리에 따라 광학 배율이 다름으로 인해 상이 구부러져 보이는 현상을 왜곡수차라고 한다. 망원경으로 정사각형의 모양을 보았을 때 정사각형이 안쪽으로 오목하게 들어간 모양이 되면 이를 바늘꽂이형 왜곡(Pin cushion distortion), 반대로 볼록하게 나오게 되면 술통형 왜곡(Barrel distortion)이라고 한다. 카메라로 정사각형의 물건을 찍거나 쌍안경으로 보면 쉽게 발견할 수 있다.

술통형 왜곡수차(왼쪽)와 바늘꽂이형 왜곡수차(오른쪽)의 모습

### 비점수차

수직 방향으로 렌즈를 통과한 빛과 수평 방향으로 통과한 빛이 초점을 맺는 위치가 달라서 생기는 수차를 비점수차라고 한다. 렌즈를 통과한 비축광선에서 항상 발생하며 교정하기가 가장 어렵다. 비점수차가 있는 렌즈의 경우 고배율에서 초점을 조절할 때 중심부에 있는 별의 모양이 가로로 늘어졌다가 세로로 늘어지는 것을 보면서 그 유무를 판단할 수 있다. 광학계에 따라서는 코마수차와 비점수차가 합쳐져서 사진의 가장자리에 있는 별의 모양이 새 모양으로 나오는 경우도 있다.

## 수차를 보정하는 방법

여러 종류의 수차가 있지만 극복할 수 있는 방법도 존재한다.

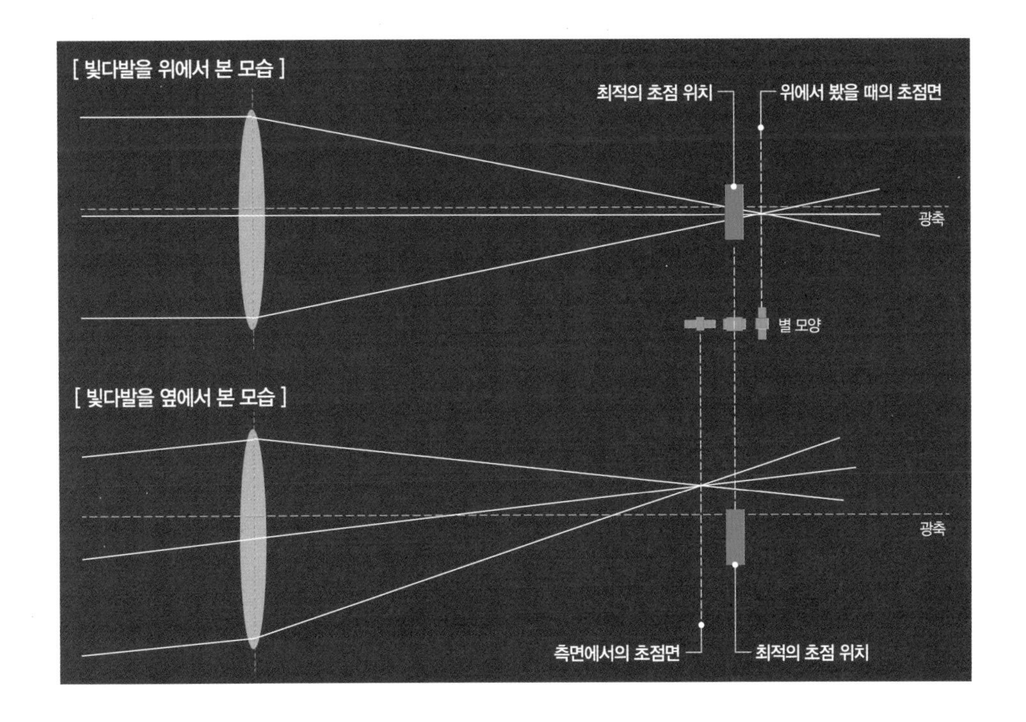


**렌즈 설계**

굴절망원경의 경우에는 2매 이상의 렌즈를 사용해서 아크로매트 혹은 아포크로매트 렌즈를 구성할 때, 렌즈 사이의 간격이나 곡률을 조절해서 구면수차를 제거할 수 있다. 반사망원경의 경우 구면 반사경 대신 포물면과 같은 비구면 설계를 통해 제거한다. 복합광학계의 경우에는 보정판이 구면수차를 보정한다. 카메라 렌즈의 경우에는 비구면 렌즈를 장착하여 구면수차를 줄인다. 조리개를 조이는 것도 효과적이다.

### 색수차 제거 필터

굴절망원경에서 이미 설명한 바 있지만, 재질이 다른 두세 장의 렌즈를 이용하여 색수차를 줄일 수 있다. 하지만 아크로매트의 경우 여전히 색수차가 남아 있어, 고배율로 별이나 행성을 보게 되면 별 주위로 붉은색, 보라색으로 빛이 퍼져 있는 것을 볼 수 있다. 저가형 아크로매트 망원경을 사용하는 경우라면 독일 바더 플라네타리움(Baader-planetarium)에서 나오는 세미 아포(Semi APO) 필터와 같이 색수차를 줄여주는 필터를 사용하는 것도 고려해볼 수 있다. 색수차가 조금 줄어들기는 하지만, 그렇다고 해서 아크로매트 망원경을 아포크로매트의 성능으로 바꿔주지는 않는다.

색수차를 줄여주는 세미 아포 필터. 바더 플라네타리움 제품.

### 플래트너

상면만곡에 의해 구부러져 있는 이미지 서클을 평평하게 펴주는 렌즈를 플래트너(Flattner)라고 한다. 플래트너를 장착하게 되면 원래 망원경이 가지고 있는 초점거리가 그대로 유지되거나 조금 늘어난다. 예를 들어 아래의 사진과 같은 타카하시 FS-60CB 굴절망원경용 플래트너를 장착하면 망원경의 초점거리가 355mm에서 374mm로 늘어나게 된다. 안시관측 시에는 사용하지 않는다.

### 리듀서

리듀서는 원래 초점거리를 줄여주는 렌즈를 의미하기 때문에 리듀서 자체만으로는 수차를 보정한다고 할 수 없지만, 대부분의 리듀서는 초점거리를 줄임과 동시에 여러

타카하시 FS-60CB 전용 플래트너

솔로몬에서 판매하는 1x 플래트너

FS-60CB 전용 리듀서의 모습. 타카하시 제품.

뉴턴식 반사망원경용 코마 커렉터의 모습. 솔로몬 제품.

수차를 제거해주는 커렉터(Corrector) 기능 혹은 플래트너 기능이 포함되어 있는 경우가 많다. 이런 제품은 리듀서/커렉터 혹은 리듀서/플래트너 등으로 표기하기도 한다. 안시관측 시에는 사용하지 않는다.

**코마 커렉터**

특히 단초점 뉴턴식 반사망원경에서 발생하는 코마수차를 줄여주는 렌즈를 코마 커렉터(Coma corrector)라고 한다(콜렉터라고 표기하는 경우를 가끔 보는데 이는 잘못된 것이다. 이 렌즈는 코마수차를 보정[correct]하지 수집[collect]하지 않는다). 뉴턴식 반사망원경으로 사진촬영을 할 경우에는 필수이며, 화각이 넓은 아이피스를 사용하거나 안시관측 시에도 유용하다.

위에서 설명한 플래트너, 리듀서, 코마 커렉터는 각각의 망원경을 위한 전용 제품이 있는가 하면 여러 망원경에 사용할 수 있는 범용 제품이 있다. 범용 제품의 경우 사양표에 사용할 수 있는 망원경 제품이 직접 표기되어 있는 것도 있고 적용 가능한 망원경의 F수 범위를 표시한 것도 있기 때문에 자신이 가진 망원경의 사양과 잘 맞을지 확인하고 선택해야 한다. 또한 망원경과 접속하는 부분이 어떻게 되어 있고 크기는 어떤지도 살펴봐야 한다.

# 국내외 천체 관련 장비 제조 및 판매처 (가나다 및 ABC 순)

## 한국

### 제조사

레인보우 로보틱스 http://www.rainbowastro.com/xe/home_Korea

- 아마추어 및 천문대용 적도의 제작사

예진아빠의 돕소니언 만들기 https://blog.naver.com/fagottkim031

- 국내 돕소니언 명장 예진아빠 님의 블로그
- 고급 돕소니언 망원경을 국내에서도 주문 제작이 가능함

우리별광학 http://weestaroptics.com

- 주기오차가 아주 작은 적도의를 생산하는 국내 회사

호빔천문대 https://www.hobym.net/

- 『별빛방랑』의 서사 황인순 님이 운영하는 개인 천문대 겸 적도의 제조사
- 웜 기어 대신 하모닉 기어를 사용하는 CRUX 적도의 시리즈가 대표적인 제품

### 판매사

마이스코프 http://www.myscope.co.kr/

- 아이옵트론 국내 딜러
- 가격도 합리적이며 여러가지 자잘한 액세서리를 쉽게 구할 수 있음

선두과학사 http://www.telescope.kr/

- 역사와 전통이 있는 망원경 가게
- 80~90년대에는 직접 만든 망원경을 판매했지만 지금은 빅센 제품을 비롯한 수입 제품을 취급

썬포토 http://sunphoto.co.kr
- 일본 탐론 렌즈를 비롯한 여러가지 사진 기자재로 유명한 곳
- 켄코, 미드, 셀레스트론, 내셔널지오그래피 제품 취급

솔로몬 익스프레스 http://cafe.naver.com/soloex
- 쌍안경, 천체망원경을 주로 공동구매 형식으로 저렴하게 판매하는 곳
- 미국이나 유럽에 OEM으로 납품되는 중국산 망원경을 동일한 품질, 저렴한 가격으로 구입 가능

엑소스카이 http://www.exosky.kr/
- 다양한 아이템을 판매하고 있는 곳

아스트로라이프 http://www.astrolife.co.kr/
- 소형 적도의 TOAST 한국 총판
- 망원경 및 쌍안경 취급

아스트로샵 http://cafe.naver.com/astroshop
- 천체망원경 해외 구매대행 전문 숍
- 제품 문의를 하면 견적을 빠르게 받을 수 있음
- 이곳에서 판매하는 파워뱅크도 상당히 괜찮은 편

첨성대광학 http://www.star21c.co.kr/
- Explore Scientific 제품을 합리적인 가격으로 만나볼 수 있는 곳
- 다양한 종류의 현미경과 쌍안경도 취급

테코시스템 http://www.teko.co.kr
- Sky watcher 제품의 국내 총판

SL Lab http://www.astromart.co.kr
- 예전에는 망원경 수입 위주로 운영했으나, 자체 제조한 천문대용 적도의 개발 등의 과정을 거쳐 현재는 교육 프로그램 위주로 운영되고 있음
- 아마추어 천문인들이 가장 많이 이용하는 중고장터 운영

## 해외

### 주요 제조사

Astro physics http://www.astro-physics.com/

- 미국의 고급 천체망원경 및 적도의 제조사
- 이 회사의 굴절망원경은 예약하고 10년 이상 기다려야 받을 수 있음
- 액세서리류도 품질이 아주 좋으며 그만큼 고가임

APM http://www.apm-telescopes.de/

- 독일의 망원경 제조사 및 딜러사
- 최고급 라인인 APM-LZOS 망원경이 유명함

Baader planetarium https://www.baader-planetarium.com

- 독일 및 유럽 지역에서 천체망원경 제조 및 타사 망원경 판매
- 각종 천체관측용 필터, 태양 관측용 필터가 유명함

Canon http://www.canon-ci.co.kr

- 일본의 카메라 브랜드 Canon의 국내법인인 캐논 코리아 컨슈머 이미징의 홈페이지
- 카메라와 손떨림 방지 기능(IS)이 있는 쌍안경이 유명함

Celestron https://www.celestron.com/

- 미드(Meade) 사와 더불어 대중용 SCT의 쌍두마차와 같은 브랜드
- SCT 외 사신 선용 망원경이나 저가형 굴절 및 반사망원경을 제조

Cff telescope http://cfftelescopes.eu/

- 고급 굴절 및 반사망원경을 만드는 이탈리아 회사
- 국내에는 잘 알려져 있지 않지만 해외 평가는 괜찮은 편

GSO http://www.gs-telescope.com/

- 대만의 천체망원경 제조사. 전반적으로 가성비가 좋은 편
- 돕소니언 망원경, 각종 망원경 액세서리 및 부품은 물론 RC(리치 크레티앙) 망원경이 아마추어 시장에 퍼지는 데 이바지함

iOptron https://www.ioptron.com/

- GOTO 적도의 및 경위대를 주력으로 판매하는 중국 브랜드
- 가성비가 뛰어난 적도의를 제조

Losmandy Astronomical Products http://www.losmandy.com/

- 미국의 적도의 회사
- 고급 망원경과 적도의를 결합하는 경우에는 로즈만디 규격의 플레이트를 사용하는 경우가 많아서 그 이름은 많이 들어봤을지 모르지만 제품 자체는 국내에 잘 알려져 있지 않음

Meade Instruments https://www.meade.com/

- 셀레스트론과 함께 미국을 대표하는 SCT 브랜드
- SCT 외 돕소니언, 굴절망원경 등 다양한 품목을 취급하며, 코로나도(Coronado)를 인수하여 태양 관측용 망원경 및 필터 판매

Nikon http://www.nikon.co.kr

- 일본의 카메라 브랜드 Nikon의 국내법인인 니콘 이미징 코리아의 홈페이지
- 좋은 카메라와 가격 대비 괜찮은 성능의 쌍안경을 판매하고 있음
- 우수한 성능의 아이피스 제품을 보유하고 있지만 아쉽게도 니콘 이미징 코리아에서 판매하고 있지는 않음

Obsession telescope http://obsessiontelescopes.com/

- 돕소니언 망원경을 생각하고 있다면 한번 방문해서 구경해볼 가치가 있음

Officina Stellare https://www.officinastellare.com/

- 작은 F수의 반사망원경을 원한다면 한번 들러볼 만한 곳

Orion optics UK http://www.orionoptics.co.uk/

- 주로 반사망원경과 망원경 부품을 생산하는 영국 회사
- 망원경 자작에 사용하는 미러를 수입하는 것을 종종 발견할 수 있음

QHYCCD https://www.qhyccd.com/

- 가성비가 좋은 천체사진용 냉각 카메라를 제조하는 중국 브랜드
- 동일한 센서를 사용하는 타사 제품에 비해 가격이 저렴하면서도 성능이 뒤떨어지지 않음
- Pole master와 같은 혁신적인 제품도 출시하고 있음

Ricoh(Pentax) http://www.ricoh-imaging.co.jp/japan/products/binoculars/
http://www.ricoh-imaging.co.jp/japan/products/telescope/

- 고급 아이피스로 유명한 XW 시리즈나 괜찮은 성능의 펜탁스 쌍안경이 궁금하다면 홈페이지를 방문해볼 것
- 펜탁스 브랜드를 일본 리코 사가 인수했기 때문에 홈페이지 주소가 리코 이미징으로 되어 있음

SBIG imaging system http://diffractionlimited.com/

- ST-4 오토가이더로 유명해진 미국의 냉각 CCD 카메라 회사
- 고급 제품을 위주로 생산하며 MaximDL이라는 소프트웨어는 냉각 CCD 카메라를 다루는 데 있어 거의 표준이라고 할 수 있으며 다양한 기능을 갖추고 있음

Starlight Instruments http://www.starlightinstruments.com/

- 고급 포커서의 대명사라고 할 수 있는 Feather touch 포커서 및 액세서리 제조 판매
- 최근에는 레이저 콜리메이터로 유명한 호위(Howie)를 인수

Star Master http://www.loptics.com/starmaster/

- 미국의 고급 돕소니언 망원경 제작업체
- 최고급 미러인 잠부토(Zambuto) 미러를 사용하며 가격도 상당히 높은 편

Sky watcher

- EQ6 적도의로 유명한 중국계 회사
- 돕소니언 망원경 및 Esprit 시리즈와 같은 고급 굴절망원경도 생산함

Software bisque http://www.bisque.com

- 천문 소프트웨어 The Sky 및 Paramount 적도의로 유명한 회사

Stellarvue http://www.stellarvue.com/

- 다양한 굴절망원경을 판매하는 미국 망원경 브랜드
- 주로 중국 OEM 제품이지만 미국 잡지 등에서 좋은 평을 받고 있음
- 파인더 제품이 괜찮음

Sumerian optics https://www.sumerianoptics.com/

- 접으면 여행가방만 해지는 돕소니언 망원경을 제조하는 네덜란드 회사
- 여행하면서 관측하고 싶다면 꼭 한번 살펴볼 필요가 있음

Takahashi http://www.takahashijapan.com/

- 아마추어용 고급 망원경 및 적도의의 대명사
- APO 굴절망원경인 FS, FC, TOA, TSA, FSQ 시리즈와 반사망원경 뮤론, 입실론 등이 유명함
- 적도의의 경우 EM11, EM200, EM400 시리즈가 대표적임

TEC http://www.telescopengineering.com/

- 고급 굴절망원경을 생산하는 미국 브랜드

Televue http://www.televue.com

- 나글러 아이피스로 유명한 미국 브랜드
- 다양한 아이피스뿐 아니라 소형 굴절망원경도 판매

Track the stars https://trackthestars.com/

- 독특한 구조와 디자인의 펜더 적도의를 생산하는 덴마크 회사

Vixen https://www.vixen.co.jp/

- 중고급 망원경과 적도의를 생산하는 일본 망원경 회사
- 중국산 망원경 중에서 빅센 제품을 카피한 것이 많음
- 품질이 우수한 아이피스도 생산

William optics http://williamoptics.com

- 중고급 굴절망원경을 판매하는 대만계 망원경 회사
- 적당한 가격에 괜찮은 품질의 제품을 공급함

ZWO https://astronomy-imaging-camera.com/

- 다양한 천체사진용 카메라를 판매하는 중국 회사
- 특히 행성이나 달 표면 촬영용 카메라는 가격이나 성능에 있어서 독보적이라 할 수 있음

## 주요 판매사

Agena astro products https://agenaastro.com

- 아주 많은 종류의 아이템을 다루고 있지는 않지만 미국 내 무료배송 서비스 제공
- 따라서 배송대행을 이용해야 하는 경우 배송비를 줄일 수 있음

Anacortes https://www.buytelescopes.com/

- 다양한 종류의 아이템을 취급하는 미국의 망원경 전문점
- 결재 방법에 따라 2~4%의 즉시 할인을 제공

Adorama https://www.adorama.com

- 다양한 제품을 취급하는 카메라 및 망원경 전문점
- 국내에서 찾기 어려운 사진 기자재를 저렴하게 구입할 수도 있음

B&H https://www.bhphotovideo.com/

- 뉴욕시에 본사가 있는 전자제품 및 광학기기 판매상. 백화점 같은 느낌

Kyoei http://www.kyoei-tokyo.jp/

- 일본 오사카 및 도쿄에 매장이 있는 망원경 전문점
- 웬만한 일본 브랜드의 천문 장비는 다 구할 수 있음
- 직접 가서 구입할 경우 여권을 제시하면 소비세를 면세받을 수 있음

OPT https://optcorp.com/

- 입문용부터 최고급 장비까지 없는 게 없는 미국의 망원경 전문점
- 간혹 특정 브랜드 제품에 대해 엄청난 세일을 하는 경우가 있음
- 한국까지 직배송 가능

Orion Telescope https://www.telescope.com/

- 여러 제품을 OEM으로 받아 자사 상표를 붙여서 판매하는 곳
- 입문용 장비나 자잘한 액세서리류를 구입하려면 홈페이지를 방문해보는 것도 나쁘지 않음
- 한국으로 직배송이 되지 않기 때문에 배송대행을 이용해야 함

Starizona https://starizona.com/

- 셀레스트론 SCT의 보정판 부분에 장착하여 초점거리를 줄여주는 Hyperstar 렌즈를 판매하는 곳. 천체사진과 관련된 여러가지 읽을거리도 풍부함
- 한국까지 직배송 가능

Teleskop Service https://www.teleskop-express.de

- 다양한 망원경과 액세서리를 취급하는 독일의 망원경 숍
- 한국에 직배송 가능

## 참고문헌

프레드 왓슨, 『망원경으로 떠나는 4백 년의 여행』, 장헌영(역), 서울: 사람과 책, 2007

조강욱, 『별보기의 즐거움』, 일산: 들메나무, 2017

조상호, 『아빠, 천체관측 떠나요』, 서울: 가람기획, 2007

리처드 프레스턴, 『오레오 쿠키를 먹는 사람들』, 박병철(역), 서울: 영림카디널, 1997

가이 콘솔매그노·댄 데이비스, 『오리온 자리에서 왼쪽으로』, 최용준(역), 서울: 해나무, 2015

이태형, 『재미있는 별자리 여행』, 서울: 김영사, 1989,

하야시 간지, 『천체관측 가이드: 태양계의 별들과 네 계절의 별자리』, 서울: 전파과학사, 1988

김성수, 『천체사진강좌』, 서울: 전파과학사, 1990

Canon, 『EF Lens Works III: The Eyes of EOS』, 제 12판. Canon Inc.

호빔천문대, 『CRUX170HD 한글매뉴얼』

浅田 英夫, 『星雲星団ウォッチング—エリア別ガイドマップ』, 東京都 : 地人書館, 1996

Takahashi 製作所, 『TSA-102 取扱說明書』

Takahashi 製作所, 『FS-60CB 取扱說明書』

Takahashi 製作所, 『EM200Temma2M 取扱說明書』

Rutten & van Venrooji. Telescope Optics: A Comprehensive Manual for Amateur Astronomer Human Services Management: Analysis and Applications. VA: Willmann-Bell, Inc., 1999

Gary Seronik. Binocular Highlights: 109 Celestial Sights for Binocular Users. 2nd Edition. MA: Sky & Telescope. 2017

M. Barlow Pepin. Care of Astronomical Telescopes and Accessories: A Manual for the Astronomical Observer and Amateur Telescope Maker. NY: Springer Science + Business Media, LCC., 2005

Rod Mollise. Choosing and Using a New CAT: or Any Catadioptric Telescope. NY: Springer Science + Bussiness Media, LCC., 2009

Neil English. Choosing and Using a Refracting Telescope. NY: Springer Science + Business Media, LCC., 2011

Al Nagler. Choosing an Eyepiece - Step by Step. Sky & Telescope. August 2006.

Celestron Engineering Team. EDGEHD: A Flexible Imaging Platform at an Affordable Price. Celestron., 2014

Gerald North. Observing the Moon: The Modern Astronomer's Guide. Cambridge: Cambridge University Press., 2000

Philip Pugh. Observing the Sun with Coronado™ Telescopes. NY: Springer Science + Business Media, LCC., 2007

Timothy Ferris. Seeing in the Dark: How Amateur Astronomers Are Discovering the Wonders of the Universe. NY: Simon & Schuster., 2003

Philip S. Harrington. Star Ware: The Amateur Astronomer's Guide to Choosing, Buying, and Using Telescopes and Accessories. 4th Edition. NJ: Wiley., 2007

Jay M. Pasachoff. Stars and Planets. 2nd Edition. MA: Houghton Mifflin Harcourt., 1992

Charles Bracken. The Deep-Sky Imaging Premier. 2nd Edition. CA. 2018

Brian Jones. The Practical Astronomer. NY: Simon & Schuster Inc., 1990

Philip S.Harrington. Touring the Universe through Binoculars: A Complete Astronomer's Guidebook. NY. Wiley., 1990

## 참고 사이트

위키피디아, https://en.wikipedia.org

Takahashi, http://www.takahashijapan.com/

Takahashi Europe, http://www.takahashi-europe.com/

Astronomical optics, http://www.handprint.com/ASTRO/ae4.html

Televue, http://www.televue.com

Telescope Optics.net, http://www.telescope-optics.net

Lockwood Custom Optics, Inc., http://www.loptics.com

Baader Planetarium, https://www.baader-planetarium.com

Sky watcher, http://www.skywatcher.com/

I optron, https://www.ioptron.com/

Astro physics, http://www.astro-physics.com/

NADA, http://www.astronet.co.kr